새로운
기회와
도 전

기후변화

위기를 기회로 만드는 어느 과학자의 인사이트

새로운
기회와
도 전

기후변화

위기를 기회로 만드는 어느 과학자의 인사이트

김준하 지음

GIST PRESS
광주과학기술원

변화가 익숙한 시대다. 우리는 거대한 변화들이 쉴 새 없이 요동치는 현실을 살고 있다. 정치, 사회, 경제 그리고 과학 등 우리가 알고 있던 모든 것들이 빠르게 변하고 있다. 새로운 위기와 도전, 새로운 체제들이 등장해서 계속 우리를 긴장시키기에, 변화에 대한 대처와 대응은 이제 선택이 아닌 필수요소가 되었다.

이 가운데 지금 이 시대를 상징할 만한 변화 두 가지를 꼽자면 인공지능AI으로 대표되는 4차 산업혁명의 물결과 사이버 혼돈 그리고 신기후체제로 대변되는 기후변화를 들 수 있다. 이 두 가지는 현시대의 수많은 변화 가운데 가장 거대하고 중요한 이슈이다. 이들은 일시적이지도 않고, 규모가 작지도 않을뿐더러 혁명적인 사건이다. 그리고 우리가 지금껏 체험해보지 못한 것이어서 두려움까지 자아내는 이슈이다. 따라서 기존의 인류가 취해왔던 방식으로는 해결에 어려움을 겪을 수밖에 없다. 새로운 접근법이 설실한 이유가 바로 여기에 있다. 과거의 대응 방식과는 달리 협업을 통해 창의적이고 융합적인 아이디어를 이끌어내는 것이 꼭 필요하고 시급한 상황이다.

4차 산업혁명과 기후변화처럼 예측하기 힘든 변화의 시대에는 직업의 개념부터 새롭게 가져야 한다. 직업職業이라는 단어를 풀이해보면,

직職은 직무를 뜻하고 업業은 과업을 뜻한다. 따라서 직업職→業이 중요시되는 시대에는 과업業보다 직무職를 더 우선하게 된다. 이러한 '직업職→業의 개념'은 직職이라는 틀에 업業을 가둘 수 있다는 한계가 있다.

또한 4차 산업혁명과 기후변화의 시대에 이러한 직업職→業의 개념으로는 복잡하고 급격히 변화하는 상황에 유연하게 대응하기가 어렵다. 업業이란, 업무에 대한 올바른 인식을 통해 변하지 않는 기본가치를 본질로 삼아 시대나 환경 등의 조건에 유동적으로 맞출 수 있는 자기계발과 능력을 포함한 개념이라고 할 수 있다. 앞으로는 새로운 바람에 유연하게 대응하고, 이전과 다른 시대에 적응 가능하며, 다양한 업業의 조합과 융합을 통해 새로운 직職이 구축될 수 있는 '업직業→職의 개념'으로 새롭게 바뀌어야 한다.

업業의 중요성이 강조되는 '업직業→職의 시대'에는 다양한 학문 기술 분야의 융합이 요구되며, 이를 위해 창의적 발상, 융합적 사고, 수평적 소통이 절실하다. 다시 말해 다양한 분야의 창의적 발상creativity, 융합적 협업convergence, 연결과 소통connectivity이 새로운 표준new-normal 시대의 키워드가 될 것이다.

최근 정치, 사회, 경제 그리고 과학 등의 전반적인 분야에서 우리가 비정상abnormal이라고 생각했던 많은 것이 어느덧 새로운 표준으로 자리매김하고 있다. 그 가운데 하나가 기후변화이다. 매년 여름 날씨는 더욱 더워지고, 겨울은 더 추워지고 있다. 북극 빙하는 예외적으로 빨리 녹으며, 기록적인 폭우·폭설의 빈도도 증가하고 있다. 모든 전문가는 이러한 경향이 앞으로도 지속될 것이라고 전망한다. 피할 수 없는 미래가 우리 앞에 새로운 표준으로 다가오고 있는 것이다.

비정상 기후가 새로운 표준이 된 시대를 살고 있음에도 불구하고, 일부 학계를 제외한 대다수 사람은 기후변화를 통해 발생할 물리적 혼돈에 대해 큰 위기감을 느끼지 못하고 있는 듯하다. 인공지능 또는 4차 산업혁명 시대를 경고했던 세기적 바둑 이벤트, 즉 이세돌 9단이 인공지능으로 무장한 알파고에게 패한 충격적인 사건이 기후변화와 관련해선 없어서일까? 아마도 그런 이유보다는 기후변화라는 거대한 물리적 혼돈이 우리 삶에 어떤 식으로 다가오고 있고, 어떤 영향을 미칠 것인지에 대해 공감할 만한 정보를 접하지 못해서가 아닐까 생각한다.

모든 문제는 대중의 인식과 공감이 있어야 비로소 현명한 해법을 찾을 수 있다. 그런 의미에서 기후변화가 가져올 미래에 대한 우리 국민들의 인식 전환에 조금이나마 도움이 되고 싶은 마음에 이 책을 쓰게 됐다.

이 책을 읽는 분들에게 보탬이 되기 위해 몇 가지 집필 원칙을 세웠다. 딱딱하고 어려운 과학이론이 아니라 기후변화라는 큰 화두가 우리의 일상생활을 어떻게 바꿔놓을 것인지에 초점을 둘 것. 전문가와 일반인 모두에게 기후변화에 대한 인식 전환의 계기를 마련할 수 있도록 할 것. 이런 원칙이 행간마다 녹아들도록 최선을 다했다.

첫 번째 장 '기후변화가 세계적 이슈가 되기까지'에서는 기후변화라는 개념의 정의와 함께, 인류가 이를 언제부터 인식하고 대처하기 시작했는지 그 과정을 자세히 다뤘다. 20세기 후반부터 본격적으로 시작한 기후변화에 대한 국제적 합의 노력과 결실을 서술했고, 2015년 12월 파리협정을 통해 합의한 내용이 어떤 의미를 가지는지를 분석했다.

두 번째 장 '기후변화, 이제는 생존을 위해 대비할 때'에서는 기후변화가 가져온 새로운 과학·공학기술의 의미와 방향성에 대해 다뤘다. 기존의 과학·공학기술은 인간의 생활이 윤택하고 편안해지는 데 초점을 맞춰 연구·개발이 이뤄졌다. 하지만 기후변화의 시대에서 과학·공학기술은 인류가 안전한 생활을 영위할 수 있도록 도와주는 '생존 파트너'의 역할로 회귀했다. 앞으로 과학·공학기술은 어떤 방식으로 인류의 생존문제에 접근할까? 두 번째 장은 이 물음에 대한 해답을 찾는 데 집중했다.

세 번째 장 '미래를 위한 약속, 지속 가능한 발전'에서는 기후변화에 대한 국제적인 노력을 다뤘다. 첫 번째 장에서 언급한 국제적 합의의 구체적인 내용과 각 국가가 지속 가능한 인류의 미래를 위해 제도권 내에서 기울이고 있는 노력을 살폈다.

마지막 장 '4차 산업혁명 시대, 기후변화에 적응하는 인간과 기술'에서는 기후변화 대응 및 적응에 대한 해결책으로 4차 산업혁명의 혁신 기술들을 소개하고 기후기술과의 융합·연계 방안에 대해 기술하였다. 그리고 궁극적으로는 기후변화에 대응·적응하면서 미래 사회를 지속 가능하게 이끌어갈 수 있는 방안으로 '기후변화 적응 스마트시티'를 제안하였다.

이 책은 최근 기후변화가 가져온 물리적 혼돈에 대해 필자의 경험과 지식을 바탕으로 예측 가능한 해법을 제시하려고 노력한 끝에 나온 결과물이다. 인류 역사를 돌아보면, 우리는 늘 새로운 변화에 적응하고 도전하며 극복해왔다.

영화 '인터스텔라'에서 주인공 쿠퍼는 명대사를 남겼다.

"우린 답을 찾을 것이다. 늘 그랬듯이."

기후변화 문제를 두고도 영화 속 이 대사를 되새기고 싶다. 우리는 늘 그래왔듯이 해법을 찾아야만 한다. 그러나 그 해법은 몇몇 전문가나 개인이 찾을 수 있는 것은 아니다. 기후변화는 개개인의 통제범위 밖에서 일어나고 있기 때문이다. 기후변화에 대한 진정한 대책은 한 사람 한 사람이 머리를 맞대고 노력해 집단 지성을 발현해야 찾을 수 있다. 부족하나마 이 책이 해결책을 찾고, 집단 지성을 발휘하는 데 구심점 역할을 할 수 있기를 바란다.

아울러 이 책이 새롭고 다양한 일자리業→職 창출에 도움이 되고, 창의creativity, 융합convergence, 연결connectivity을 기반으로 하는 새로운 업직의 가치관을 지닌 인재양성에 새로운 방향 제시를 할 수 있기 바란다.

이 책을 집필하면서 많은 연구자와 전문가의 도움을 받았다. 그 분들의 도움이 없었다면 지금의 책으로 빛을 보기 어려웠을 것이다. 우선 기후변화에 큰 비전을 제시하고 책의 출간에 적극적인 지지와 후원을 보내주신 광주과학기술원GIST 7대 총장 문승현 총장님께 감사의 말씀을 올린다. 그리고 전반적인 책 구성의 처음부터 끝까지 도움을 아끼지 않았던 지스트 지구·환경공학부 채성호 연구원에게 깊은 감사의 마음을 전한다. 또한 각 장별로 도움을 준 전동진, 서장원, 임승지, 김범조, 정희원, 신소라, 김현진, 이주용 연구원들과 신성호, 박찬식, 박연준 학생들에게도 감사를 전한다. 그리고 특별히 책 표지 디자인에 참신한 상상력을 발휘해준 김가영 님에게 아낌없는 찬사를 보내며, 아울러 책 전체 디자인과 디테일 마무리까지 도움을 주신 GIST PRESS와 도서출판 씨아이알 출판부에 커다란 감사의 마음을 전한다.

끝으로 필자의 곁에서 아낌없는 지지와 격려를 보내며 어느 곳에서든 희망이 되어주는 인생의 동반자 이수진 박사와 딸 가영, 아들 민규에게 고마움과 사랑을 전한다.

2017년 6월 광주과학기술원GIST에서

김 준 하

자연과 인간, 사회가 얽혀 전 지구적 문제로 떠오른 기후변화—

북극의 빙하와 만년설이 녹아내리고, 해수면이 상승하고, 태풍과 홍수를 비롯한 이상기후가 전 세계를 휩쓸면서 이제 기후변화는 많은 사람들이 몸으로 느끼는 위기로 다가오고 있다. 이와 동시에 에너지, 농업, 수산, 의료, 재해, 보험 관련 등의 '다양한 사회현상 변화'라는 2차적 결과로써 가시화되면서 기후변화가 사회 환경까지도 변화시키고 있다.

이 책은 기후변화라는 전 지구적 문제를, 그 원인부터 현상, 대응 솔루션까지 현실적이면서도 융합적으로 다루고 있다.

인간의 활동이 기후변화에 상당한 영향을 주고 있다는 UN 주도 회의 내용들을 언급하며, 기후변화가 지속될 때 모든 국가가 적극적으로 대응해야만 하는 절실한 이유에 대해 기술하고, 파리협정의 주요 내용인 온실가스 감축 목표에 대해서도 선진국과 개도국이 모두 동참할 수 있는 기술, 재정 등의 선순환 체계를 설명하는 혜안을 보이기도 한다. 즉, 기후변화 관련 재정과 기술은 선진국에만 의무와 부담을 주는 협정이 아니라, 선진국이 개도국 시장에 진출할 수 있는 구체적이면서도 새로운 비즈니스 모델이 될 수 있다는 것을 설명하는 식이다. 또한 4차 산업혁명 혁신기술들을 소개하고 기후기술과의 융합, 연계 방안을 제시함으로써 위기로 다가온 기후변화에 현명하게 대응하고 적응할 수 있는 미래지향적인 방향을 제시하고 있다.

이 책의 가장 큰 특징은 기후변화라는 어찌 보면 무겁고 어려운 주제를 우리의 일상과 미래 안으로 끌어들여 누구나 쉽게 이해할 수 있게 구성되었다는 것이다.

우리 삶의 실질적인 변화와 그에 대한 대응을 설명하면서, 전문가뿐만이 아니라 미래 과학도와 일반인들에게도 기후변화를 이해하는 데 도움을 준다.

저자가 보여주는 탁월한 인사이트, 위기로 다가온 기후변화의 기회와 새로운 도전을 감상할 수 있는 이 책을 기쁜 마음으로 추천한다.

광주과학기술원GIST 총장
문 승 현

차 례

1장

기후변화가
세계적 이슈가
되기까지

인류 문명이 기후변화에 영향을 미쳤을지도 모른다는 주장이 처음 나온 것은 지난 1938년이다. 영국의 공학자 캘린더G. S. Callendar는 화석연료를 태울 때 나오는 이산화탄소가 기후에 영향을 미친다는 주장을 펼쳤다.[1] 그 뒤 인간의 활동 때문에 기후가 변하고 있다는 여러 의견이 쏟아지기 시작했다. 이와 함께 과학자들이 나서서 기후변화가 불러일으키는 문제의 심각성을 널리 알리면서 국제적 문제로 떠올랐다.

이 같은 논의는 세계 여러 정상이 참여해 리우 정상회의라고도 부르는 1992년 '유엔환경개발회의UNCED, United Nations Conference on Environment and Development'로 이어졌다. 그리고 기후변화에 대한 최초의 국제적 노력으로 볼 수 있는 '유엔기후변화협정UNFCCC, United Nations Framework Convention on Climate Change'의 체결로 발전했다. 2017년 1월 현재까지 협정 당사국은 197개국196개 국가와 유럽연합으로, 범지구적으로 참여하고 있다. 기후변화협정은 개발도상국이하 개도국의 특수한 여건을 배려하면서도 각 나라의 능력에 따라 책임을 차별화해 부담한다는 기본원칙에 따라 대기 중 온실가스 농도의 안정화를 궁극적 목적으로 삼고 있다.

그러나 유엔기후변화협정에는 한계가 있었다. 온실가스 감축 의무를 구체적으로 규정하지 않았기 때문이었는데 이런 점을 보완하기 위해 1997년 제3차 당사국총회일본 교토는 감축에 대한 구체적 의무를 포함하는 교토의정서Kyoto Protocol를 채택하였다. 국제레짐International regime이란 국제관계의 특정 영역에서 행위자들의 기대가 모여 만든 원칙principles · 규범norms · 규칙rules과 의사결정과정decision-making procedures의 집합이다.[2] 기후변화 대응을 위해 국제사회가 필요하다고 생각하는 규범을 결정하고, 이를 이행하는 과정에서 필요한 기관과 절차상의 수단을 포함하는 교토의정서를 통해 국제적인 기후체제가 열린 것이다.

하지만 현재 교토의정서는 절반의 성공이란 평가를 받고 있다. 왜냐하면

---

1) G. S. Callendar, The artificial production of Carbon dioxide and Its influence on temperature, 1938.
2) 교토의정서 이후 신 기후체제 파리협정 길라잡이, 환경부, 2016.

교토의정서 채택 당시 세계에서 온실가스 배출량이 가장 많던 미국이 의정서를 비준하지 않았기 때문이다. 또 여러 국가가 탈퇴하거나 2차 공약 기간에 참여하지 않겠다는 의사를 밝히기도 했으며 중국과 인도처럼 온실가스를 많이 배출하는 국가를 개도국으로 분류하면서 감축 의무를 면제해줬던 것도 문제였다. 새로운 공약 기간을 정하고, 매번 개별 국가의 감축 목표를 합의하는 일은 매우 어려운 작업이기도 하거니와 지속 가능성도 낮다. 국제적 기후 체제의 지속 가능 여부가 불확실한 상황에서는 기후변화에 적극적으로 대응하기가 어렵다. 국제사회는 기후변화에 대응하기 위해 기후변화협정을 채택하고, 교토의정서 체제를 통해 대응 목표를 달성하려 했으나 한계가 있었다.

이에 따라 기후변화에 제대로 대응하기 위해서는 새로운 체제가 필요하다는 인식이 퍼지기 시작했다. 2011년 남아프리카공화국 더반에서 열린 제17차 당사국총회에서 첫 시도가 있었다. 2020년 이후 적용될 새로운 체제를 설립하기로 합의한 것이다. 2012년부터 2015년까지 합의문을 작성하기 위해 15차례에 걸친 협상이 진행됐고, 마침내 2015년 12월 제21차 당사국총회 파리에서는 '파리협정Paris Agreement'을 채택했다.[3] 파리협정이 발효되면 새 기후체제가 시작되는데, 이전의 교토의정서 체제와는 다른 새로운 기후체제라는 뜻에서 '신기후체제'라고 한다. 파리협정을 기점으로 국제사회는 감축, 적응, 재원 측면의 세부적 목표를 규정하는 등 기후변화 위협에 대한 대응을 강화하려는 노력을 기울이는 중이다.

1장에서는 현실로 다가온 피할 수 없는 미래가 된 기후변화란 무엇인지, 기후변화의 원인과 결과는 어떠한 것들이 있는지를 다룰 예정이며, 이에 따라 국제사회가 기후변화에 대응하기 위해 어떤 노력을 기울여왔는지를 조명할 것이다. 더불어 파리협정 이후 신기후체제하에서 앞으로 기후변화의 대응 방향을 논의하며 마무리하려고 한다.

---

3) 이상준, Post-2020 온실가스 감축 기여 유형 분석, 에너지경제연구원, 2016.

- 세계기상기구(WMO, World Meteorological Organization) : 기상관측체제의 수립, 관측의 표준화 및 기상 관측에 관한 국제적인 협력을 목적으로 설립한 국제연합(UN, United Nations) 산하 기상학 전문 기구.

- 기후변화에 관한 정부 간 패널(IPCC, Intergovernmental Panel on Climate Change) : 인간 활동으로 인한 기후변화의 위험을 평가할 목적으로 설립한 조직.

- 담요효과(blanket effect) : 온실가스가 지구에서 나가는 장파복사를 흡수하여 지표면을 보온하는 역할을 하여 내부 온도를 높이는 현상.

- 스크립스 이산화탄소 저감 프로그램(The Scripps CO_2 program) : 미국 에너지부(DOE, United States Department of Energy)와 미국 어스 네트웍스(Earth Networks)가 지원하는 대기 중 이산화탄소 및 온실가스 측정 프로그램.

- 대표농도경로(RCP, Representative Concentration Pathways) : 기후변화 전망을 위해 IPCC 제5차 평가보고서에서 정한 4가지 대표적인 복사강제력에 대한 온실가스 농도 시나리오.

- 결합 모델 상호비교사업(CMIP5, Coupled Model Intercomparision Project Phase 5) : 기후변화 모델의 결과를 해석하기 위한 표준 실험 프로토콜.

- 온실가스 배출량 전망(BAU, Business As Usual) : 기후변화에 대한 인위적인 조치가 취해지지 않았을 경우의 미래 온실가스 배출 전망.

- 국제 탄소시장 메커니즘(IMM, International Market Mechanism) : 신기후체제의 주요 감축 수단 중 하나.

- 유엔인간환경회의(UNCHE, United Nations Conference on the Human Environment) : 지구 환경문제에 관한 최초의 국제회의.

- 유엔환경계획(UNEP, United Nations Environment Programme) : 유엔이 설립한 지구 환경문제 논의의 중심기구.

- 국제학술연합회의(ICSU, International Council for Science) : 유네스코 산하 자연과학 분야 국제학술단체연합회.

- 유엔기후변화협정(UNFCCC, United Nations Framework Convention on Climate Change) : 유엔환경개발회의에서 체결한 기후변화에 관한 유엔 기본협정.

- 당사국총회(COP, Conference of Parties) : 유엔기후변화협정의 최고 의사결정기구.

- 이행부속국(SBI, Subsidiary Body for Implementation) : 당사국총회가 최종 체결한 합의 및 조약에 대한 이행 결과 보고 및 평가에 대한 업무를 수행하는 기구.

- 과학기술 자문부속기구(SBSTA, Subsidiary Body for Scientific and Technological Advice) : IPCC 평가보고서 재분석 및 COP의 과학기술 자문 역할을 수행하는 기구.

- 청정개발체제(CDM, Clean Development Mechanism) : 선진국이 개도국에 투자해 온실가스 저감분이 발생하면 일부를 선진국의 배출저감 실적으로 인정하는 제도.

- 배출권거래제(ETS, Emission Trading Scheme) : 온실가스 배출 할당량을 무형의 상품으로 간주하고 선진국 간에 이를 거래할 수 있도록 한 제도.

- 공동이행제도(JI, Joint Implementation) : 선진국 간의 투자로 발생한 감축량의 일부분을 투자국의 감축 실적으로 인정하는 제도.

- 국가별 기여 방안(INDCs, Intended Nationally Determined Contributions) : 각국이 제시한 온실가스 감축 목표.

- 신기후체제(New Climate Regime) : 2020년에 만료되는 교토의정서를 대체할 새로운 기후체제로 2020년 이후 기후변화에 대응하기 위한 국제협정.

- 파리협정(Paris Agreement) : 신기후체제 수립을 위한 최종 합의문.

- 더반 플랫폼(Duban Platform for Enhanced Action) : 2011년 남아프리카공화국 더반에서 개최된 제17차 당사국총회(COP17)에서 당사국들은 새로운 기후규약을 위한 협상을 2015년까지 완료하고 2020년부터 각국에서 효력을 발휘토록 합의한 마련한 이른바 '행동 강화'를 위한 로드맵.

- 국가결정기여(NDC, Nationally Determined Contribution) : 당사국이 기후변화협정을 이행하기 위해 분야별로 스스로 결정해 유엔기후변화협정(UNFCCC)에 제출하는 목표.

- 글로벌 이행점검(global stocktake) : 당사국이 제출한 국가결정기여(NDC)가 2℃ 목표에 부합하는지 파리협정 당사국총회에서 5년마다 검토하는 것.

- 진전 원칙(principle of progression) : 당사국이 글로벌 이행점검 결과를 토대로 5년마다 새로운 국가결정기여(NDC)를 제출할 때, 이전보다 더 높은 수준의 목표를 제시하는 것.

- 협력적 대화(facilitative dialogue) : 2023년 글로벌 이행점검을 시작하기 전 예비단계로, 2018년에 집단적 노력을 점검하는 성격의 협상.

- 당사국총회 결정문(Adoption of the Paris Agreement) : '파리협정'을 채택한다는 내용을 포함해 제21차 당사국총회에서 국가 간에 합의한 주요 내용을 담은 문서.

- CO_2-eq : 서로 다른 종류의 온실가스 배출량을 이산화탄소 배출량 단위로 환산한 표기 방식으로, 온실가스 배출규모를 산정할 때 사용되는 대표적인 단위.

- 어세스먼트 리포트(AR, Assessment Report) : IPCC에서 5~6년을 주기로 발간하는 기후변화 평가보고서를 간략히 축약해 일컫는 용어. 1차부터 3차 보고서까지는 'AR' 앞에 각각 F(First), S(Second), T(Third)를 붙여 표기했으며, 4차 보고서부터는 'AR' 뒤에 숫자를 붙여 순서를 표기함.

1장

기후변화가
세계적 이슈가 되기까지

현실로 다가온 피할 수 없는 미래, 기후변화

날씨는 인간의 일상생활에 큰 영향을 미친다. 그래서 매일 각종 미디어가
제공하는 날씨 정보는 중요하다. 어떤 옷을 입을지, 여행을 갈지 말지, 악천
후에 어떻게 대비해야 하는지 같은 다양한 고민과 활동이 날씨의 영향을 받
는다. 날씨 정보가 있기에 우리는 선택하고, 결정하며 대처하게 된다.

날씨의 정의부터 살펴보자. 날씨는 우리가 매일 경험하는 기온, 바람, 비
등의 대기상태와 그 속에서 일어나는 대기현상의 전부를 의미한다. 대기현
상이란, 지구를 둘러싸고 있는 대기에서 일어나는 규칙적 변화와 일시적으
로 나타나는 불규칙한 변화를 모두 포함하는 복합적인 현상이다. 세계기상
기구WMO, World Meteorological Organization는 기상관측에 따른 대기현상을 크게
물 현상, 먼지 현상, 빛 현상, 전기 현상의 네 가지로 나누고 있다.[4] 물 현상은
비·눈·우박·안개·서리 등과 같이 물이 액체 또는 고체 상태로 대기 중에
떨어지거나 떠 있는 현상을 말한다. 먼지 현상은 먼지·연기 등과 같이 수분

---

4) Manual on the observation of clouds and other meteors, 세계기상기구(WMO), 1975.

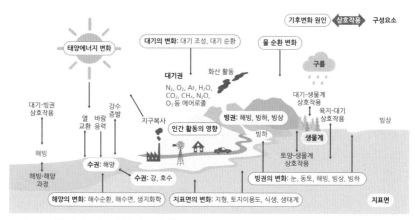

그림 1-1 기후계의 구성요소들 간 상호작용　　　　　　　　　　출처: IPCC, 2007

을 거의 함유하지 않은 고체 입자가 떠 있거나 또는 지상에 있던 고체 입자가 바람에 날려 대기 중에 떠 있는 현상이다. 빛 현상은 빛의 반사·굴절·회절·간섭에 따라 생기는 광학적 현상으로 무지개·햇무리·신기루·노을 등을 포함한다. 전기 현상은 번개·세인트 엘모의 불Saint Elmo's Fire, 높은 금속 물체, 즉 첨탑, 돛대, 또는 비행기 날개 끝에서 발생하는 전기적 방전 현상으로부터 생긴 불꽃·오로라 등과 같은 대기 중의 전기 현상이다.

19세기 이후부터는 기후를 대기의 평균상태라 정의하고, 기후요소 관측값의 연, 월 평균값 등의 조합으로 표현했다. 기후는 일반적으로는 한 지역에서 가장 출현확률이 높은 대기의 종합상태를 가리키며,[5] 평균기상average weather을 뜻한다. 기상이 시시각각으로 변하는 순간적인 대기현상을 일컫는 것이라면, 기후는 장기간의 대기현상을 종합한 것이다. 기후를 구성하는 기후요소에는 기온, 강수량, 습도, 증발량, 구름양, 기압, 바람, 일사량, 일조시간 등이 있다. 이들 요소에 지역적 특성을 주는 위도, 고도, 수륙분포, 지형, 식생 등을 기후인자라고 한다.

기후 시스템은 대기, 육지, 바다, 기타 수원, 눈, 얼음, 생물체가 서로 복잡

---

5) 기상청, https://www.climate.go.kr.

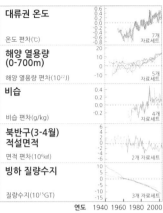

그림 1-2 전 지구 기후변화의 다중지표 관측치 통계 　　　　　　　　출처: IPCC, 2013

하게 상호작용하는 시스템이다. 기후계의 요소 가운데 기후에 가장 뚜렷한 특징을 주는 것은 대기이며, 수개월에서부터 수백만 년까지 일정 기간일반적으로 30년 동안 평균기온 및 기온의 변동, 강수, 바람 측면에서 겨술한다.

　기후를 설명하려면 몇 가지 기상요소에 대한 관측치의 평균과 계절변화, 일변화, 빈도 등을 모두 고려해야 한다. 관측치를 살펴보면 기상에 변화가 있는 것을 알 수 있는데, 시간 경과에 따른 기상변화의 통계자료로 기후를 전망할 수 있다.

　기상상태를 결정하는 지구 시스템의 복잡성 때문에 며칠 이내의 가까운 미래를 예측하는 것은 어렵다. 하지만 통계분석으로 대기 조성, 기타 인자들의 변화 등 기후 특성의 평균이나 변동성의 변화 같은 장기적 평균기상의 변화, 즉 기후변화를 전망하는 일은 가능한 일이며 다루기에 적합하다.[6]

　우리가 직접 경험하는 것은 날씨또는 기상지만 기대하는 것은 기후인 것이다. 날씨가 기분이라면, 기후는 성격에 해당하고 기후변화는 성격변화라고 할 수 있다.[7] 어느 한 시점에서 어떤 사람의 기분을 파악하는 일은 어려우나 그 사람의 대체적인 성격은 존재한다고 보는 것과 비슷하다. 이와 같은 관점

---

6) Climate Change 2007: The Physical Science Basis, IPCC, 2007.
7) 공우석, 『키워드로 보는 기후변화와 생태계』, 지오북, 2012.

에서 기상 데이터를 시간적·공간적으로 평균화해보면 기후가 변화하고 있다는 사실이 명확히 드러난다.

그림 1-2는 각 지표마다 독립적인 연구 그룹의 관측결과자료세트를 동일한 관측 기간 동안 정규화한 것을 나타낸다. 해당 그림에서 알 수 있듯이 변화하고 있는 전 지구 기후에 대한 여러 지표에 대해 독립적인 연구 그룹들이 동일한 결과에 도달하고 있다. 기후변화라는 거대한 흐름의 객관성이 드러나는 대목이다.

그렇다면 기후변화는 어떻게 일어날까. 기후변화는 먼저 대기, 해양, 육지, 생물권 같은 지구 내부의 변화로 생긴다. 여기에 지구 외부적인 변화도 더해진다. 예를 들면 태양 활동의 변화, 태양계 내 천문학적인 항성 간 상대 위치 등이다. 여기에 인간이 활동을 함으로써 생기는 인위적인 활동도 중요한 요인이 된다. 화석연료 사용에 따른 대기 조성 변화, 에어로졸에 의한 태양복사의 반사, 구름의 광학적 성질 변화 등과 같은 요소가 그렇다. 기후변화란 이러한 모든 요인이 결합돼 현재의 기후계가 점차 변화하는 것을 말한다.

기후변화의 개념을 정의하는 데도 견해 차이가 있다. 먼저 기후변화를 발생원인과는 관계없이, 전형적인 기후의 정의, 즉 30년 평균기후 변화로 단순하게 표현하는 견해가 있다.[8] 그리고 기후변화를 인간의 활동에 의한 온실효과와 자연적 원인과 같은 발생 원인을 고려해 전체 자연의 평균기후변동으로 보는 견해가 있다. 후자의 경우는 제한된 공간적 규모에서 인간의 활동에 따른 기후변화를 고려하기 때문에 정의를 복잡하게 만들기도 한다. 또 다른 하나는 기후변화 기본협정의 목적을 위한 것으로 '직접적 또는 간접적으로 전체 대기의 성분을 바꾸는 인간 활동에 의한 그리고 비교할 수 있는 시간 동안 관찰된 자연적 기후변동을 포함한 기후의 변화'로 정의한 것이다.[9]

---

8) Climate Change 2007: The Physical Science Basis, IPCC, 2007.
9) 8)과 같은 출처.

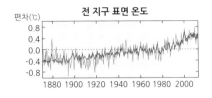

편차(℃)

전 지구 표면 온도

청색선 : 1961년부터 1990년까지의 평균 전 지구 표면온도 대비 1870년
부터 2010년까지의 전 지구 표면온도 기록.

남색선 : 자연적 요인 (태양 구성요소, 내부 변동성, 화산 구성요소에 따른
기온 반응)과 인위적 요인 (온실가스에서 기인하는 온난화 성분과
에어로졸에서 기인하는 냉각 성분으로 구성된 인위적 강제력에 대
한 기온 반응)의 영향에 따른 지구표면 온도 변화 모델링 결과.

파란색 명암 영역 : 전 지구 표면온도에 대한 기록이 1961년부터 1990년까
지의 평균 전 지구 표면온도보다 높아지기 시작한 시점.

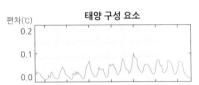

태양 구성 요소

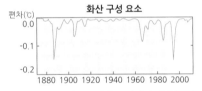

화산 구성 요소

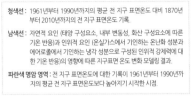

내부 변동성

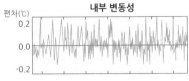

인위적 구성 요소

그림 1-3 전 지구 표면 온도 편차와 이에 영향을 주는 자연적 요인과 인위적 요인(1870~2010년)

출처: IPCC, 2013

기후변화의 원인

기후계 내부 역학의 영향과 기후에 영향을 주는 강제력forcing이라 부르는 외부 인자들의 변화로 기후계는 시간에 따라 변화한다.[10] 강제력에는 화산 분출, 태양활동의 변화 같은 자연현상에 원인을 둔 자연 강제력뿐만 아니라, 인류 활동에 따른 대기 조성 변화 등 인위적 변화를 수반하는 인위적 강제력을 포함한다.

자연 강제력의 주 동력원은 태양복사solar radiation이다. 지구의 복사 균형이 변하는 주요 원인은 다음과 같다. 첫째, 지구 궤도의 변화 혹은 태양 자체의 변화에 따른 태양복사량의 변화, 둘째, 구름의 양이나 대기입자, 식생 등의 변화에 따라 태양복사가 반사되는 비율알베도의 변화, 셋째, 온실가스 농도 변화 등으로 지구에서 외부로 되돌아가는 장파복사의 변화이다. 기후계는 다양한 피드백 메커니즘에서 이런 변화에 직간접적으로 반응한다.

---

10) Climate Change 2013: The Physical Science Basis, IPCC, 2013.

주목해야 할 기후변화의 인위적 요인

기후가 변화하는 원인으로 자연적 요인을 빼놓을 수 없다. 예를 들면 태양의 흑점주기[11]년에 따른 태양에너지의 변화, 짧게는 2만 6천 년에서 길게는 40만 년의 주기로 변화하는 지구의 공전궤도 이심률, 자전축 경사, 세차운동의 변화밀란코비치 이론, 수년 ~ 수백만 년 주기로 이루어지는 화산 폭발과 지각 변동, 수년 ~ 수십 년 주기로 발생하는 기후 시스템의 자연 변동성 같은 것들이다.

하지만 더욱 주목해야 할 부분은 인위적 원인이다. 온실가스 및 에어로졸의 증가를 비롯한 삼림 파괴 및 환경변화와 같은 요소가 그렇다.[11]

다음은 기후변화의 원인과 영향을 평가해 국제적 대응 정책의 기반이 되는 기후변화에 관한 정부 간 패널IPCC, Intergovernmental Panel on Climate Change 평가보고서의 내용이다.

IPCC 5차 평가보고서는 다음과 같은 결론을 내렸다.

- 기후 시스템에 대한 인류의 영향은 확실하다WG I, 기후변화의 과학적 근거.
- 인간이 기후를 더 많이 교란시킬수록, 더 심각하고 광범위하며 비가역적인 영향의 위험에 직면하게 될 것이다WG II, 기후변화 영향, 적응 및 취약성.
- 우리에게는 기후변화를 줄이고, 번영과 지속 가능한 미래를 위한 방안이 있다WG III, 기후변화 완화.　이 기서 WG는 Working Group, 즉 실무 그룹.

이들 보고서는 인위적 원인에 기인한 기후변화를 인정하고 있다. 인간의 활동으로 변해가는 기후를 디기오는 분명한 미래라고 규정짓고, 지속 가능한 발전이 반드시 필요하다고 공표한 셈이다.

실제 지구 전체의 태양복사 입사량 평균은 1m²당 약 340W이며, 이 중 약 30퍼센트는 반사되어 우주로 돌아간다.[12] 우주로 반사되지 않는 에너지는 지

---

11) 국가기후변화적응센터, http://ccas.kei.re.kr.
12) J.T. Kiehl and Kevin E. Trenberth, Earth's Annual Global Mean Energy Budget, 1997.

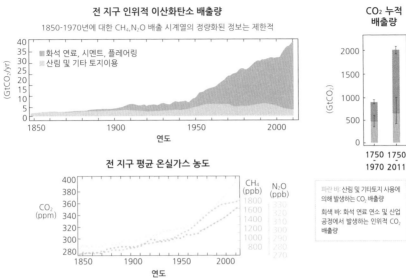

전 지구 인위적 이산화탄소 배출량

1850-1970년에 대한 CH₄,N₂O 배출 시계열의 정량화된 정보는 제한적

■ 화석 연료, 시멘트, 플레어링
■ 산림 및 기타 토지이용

CO₂ 누적 배출량

1750
-
1970

1750
-
2011

파란 바: 산림 및 기타토지 사용에 의해 발생하는 CO₂ 배출량

회색 바: 화석 연료 연소 및 산업 공정에서 발생하는 인위적 CO₂ 배출량

전 지구 평균 온실가스 농도

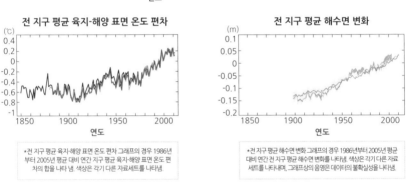

전 지구 평균 육지-해양 표면 온도 편차

*전 지구 평균 육지-해양 표면 온도 편차 그래프의 경우 1986년부터 2005년 평균 대비 연간 지구 평균 육지-해양 표면 온도 편차의 합을 나타 냄. 색상은 각기 다른 자료세트를 나타냄.

전 지구 평균 해수면 변화

*전 지구 평균 해수면 변화 그래프의 경우 1986년부터 2005년 평균 대비 연간 전 지구 평균 해수면 변화를 나타냄. 색상은 각기 다른 자료세트를 나타내며, 그래프상의 음영은 데이터의 불확실성을 나타냄.

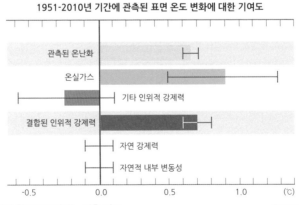

1951-2010년 기간에 관측된 표면 온도 변화에 대한 기여도

그림 1-4 인간 활동으로 변하는 기후 지표

출처: IPCC, 2013 ~ 2014

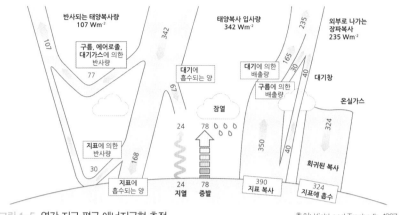

반사되는 태양복사량
107 Wm⁻²

107

구름, 에어로졸,
대기가스에 의한
반사량

77

지표에 의한
반사량

30

168

지표에
흡수되는 양

24
지열

24
증발

78

잠열

대기에
흡수되는 양

67

342

태양복사 입사량
342 Wm⁻²

390
지표 복사

350

40

대기에 의한
배출량

구름에 의한
배출량

165

30

40

대기창

온실가스

324

324
지표에 흡수

회귀된 복사

235

외부로 나가는
장파복사
235 Wm⁻²

그림 1–5 연간 지구 평균 에너지균형 추정   출처: Kiehl and Trenberth, 1997

구 표면과 대기에 흡수된다. 지구는 평균적으로 입사되는 에너지와 같은 양의 장파복사를 외부로 배출해서 에너지 균형을 유지한다. 이 양은 대략 1m²당 약 235W이다. 약 240W/m²을 배출하려면 지구 표면의 온도는 약 -19℃이어야 하는데, 이는 실제 지구표면의 온도보다 훨씬 낮은 온도이다. 지구의 평균기온은 약 14℃이며, -19℃는 지표 위 약 5km 상공의 온도와 같다.

지표의 온도가 높은 이유는 온실가스 때문이다. 온실가스는 지표에서 나오는 장파복사에 대한 담요효과blanket effect를 가지고 있다. 이 담요효과를 자연적 온실효과natural greenhouse effect라고도 부른다. 태양빛이 지표에 도달하면 지표 근처에 있는 각종 고체, 액체와 가스가 태양빛을 흡수하여 온도가 올라간다. 그런 다음 에너지 준위가 낮고 파장이 비교적 긴 적외선을 방출하게 된다.

태양에서 오는 빛은 높은 에너지 때문에 대기를 쉽게 투과한다. 반면에 지표에서 재복사되는, 에너지가 낮은 적외선은 대기의 일부 가스에 흡수되어 지구를 따뜻하게 한다. 이를 온실효과라고 하며, 지구복사열을 흡수하는 일부 가스를 온실가스라고 한다.[13]

---

13) 국토환경정보센터, http://www.neins.go.kr.

표 1-1 주요 온실가스 지구온난화 지수 및 지구온난화 기여

주요 온실가스	지구온난화 지수(GWP*)	온실효과 기여도(%)
CO_2	1	55
CH_4	21	15
N_2O	310	6
HFCs	140~11,700	
PFCs	6,500~9,200	24
SF_6	23,900	

*GWP : Global Warming Potential

출처: IPCC 제2차 평가보고서(SAR, Second Assessment Report), 1995

온실가스 가운데 큰 비중을 차지하는 것은 수증기와 이산화탄소이다. 복사열을 가장 많이 흡수하는 가스는 대기 중의 수증기로, 온실효과의 70~80퍼센트를 차지한다. 그러나 수증기의 양은 인간 활동으로 결정되는 것이 아니므로 인위적 온실효과만을 고려할 때는 제외한다. 표 1-1을 보면, 수증기의 온실효과 기여를 고려하지 않을 시 이산화탄소가 온실효과 기여도를 55퍼센트를 차지해 가장 높은 비중인 것을 알 수 있다.

인간이 하는 산업 활동으로 배출한 온실가스가 실제 대기 중 온실가스 농도에 영향을 미치는 것은 '스크립스 이산화탄소 저감 프로그램The Scripps CO_2 program'과 같은 여러 관측 결과를 통해 드러났다.[14] 대기 중 이산화탄소의 양은 산업 시대에 비해 약 35퍼센트 증가한 것으로 보고됐다. 이 증가분은 주로 화석연료 연소와 삼림 제거 등의 요인 때문인 것으로 알려졌다.[15] 인류는 지구 대기의 화학적 조성을 변화시킴으로써 담요효과와 같은 지구복사 균형을 변형시켜 기후에 실질적인 영향을 미친 것이다.

기후변화 시나리오에 따른 미래전망과 대응

기후 시스템의 변화를 전망하기 위해서는 간단한 기후 모델부터 통합기후 모델 및 지구 시스템 모델까지 다양한 모델을 사용한다. 이러한 모델에

14) The Scripps CO2 program, http://scrippsco2.ucsd.edu/
15) Climate Change 2013: The Physical Science Basis, IPCC, 2013.

온실가스 배출량
[GtCO₂-eq/yr]

1970-2010년 연간 총 인위적 온실가스(GHG) 배출량

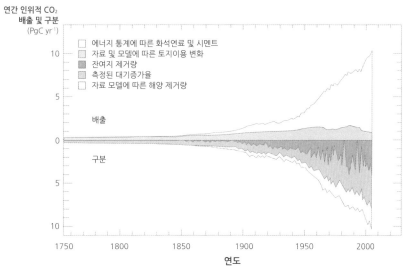

그림 1-6 온실가스 배출량(위)과 이산화탄소 대기 중 농도 변화량(아래)   출처: IPCC, 2013

인위적 강제력을 넣은 시나리오를 적용해 그에 따른 변화를 모사한다.

　기후변화에 관한 정부 간 패널IPCC은 미래 온실가스·에어로졸 경로를 4
종으로 구분하고 대표농도경로RCP, Representative Concentration Pathways: 기후변화 전
망을 위해 IPCC 제5차 평가보고서에서 정한 4가지 대표적인 복사강제력에 대한 온실가스 농도 시나리오 시

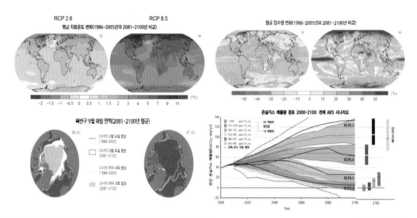

그림 1-7 대표농도경로별 미래 기후변화 전망 비교   출처: IPCC, 2013

표 1-2 현재 대비 미래변화 전망

| 시나리오 | 1986~2005년 대비 2081~2100년 | | 2000년 대비 2100년 |
	기온(℃)	해수면 상승(m)	CO_2 배출량 변화 (GtC/yr)
RCP 2.6	1.0(0.3~1.7)	0.40(0.26~0.55)	7.884→0
RCP 4.5	1.8(1.1~2.6)	0.47(0.32~0.63)	7.884→4.249
RCP 6.0	2.2(1.4~3.1)	0.48(0.33~0.63)	7.884→13.935
RCP 8.5	3.7(2.6~4.8)	0.63(0.45~0.82)	7.884→28.817

출처: IPCC 제5차 평가보고서, 2013

나리오를 사용해 전망한 바 있다. 대표농도경로는 온실가스, 에어로졸, 토지
이용변화를 포함하는 인위적인 기후변화 요인의 국제공인 미래 시나리오이
다. 이 시나리오는 RCP 2.6의 2.6Wm^{-2}, RCP 4.5의 4.5Wm^{-2}, RCP 6.0의 6Wm^{-2},
RCP 8.5의 8.5Wm^{-2} 등 각각 1750년을 기준으로 한 2100년의 총 복사강제력으
로 정의한다.

　　결합 모델 상호비교사업CMIP5, Coupled Model Intercomparision Project Phase 5에서
41개 모델 결과를 상호비교하고, 각 대표농도경로를 기준으로 기후변화 모
델을 이용하는 등 2100년까지 미래 기후를 전망했다.[16] 지역별 기후변화는

---

16) Climate Change 2013: The Physical Science Basis, IPCC, 2013.

지역기후 모델을 이용해 상세하게 만든 바 있다. 표 1-2는 기후변화 시나리오별 미래 전망을 요약해 나타낸다.

표를 보면 전 지구적으로 관측된 결과가 나오는데 지구에 온난화가 일어나고 있음을 알 수 있다. 이에 따라 지구-대기 복사평형이 어긋나고 있으며, 이는 곧 기후에도 변화가 생기고 있다는 것을 의미한다. 이산화탄소 등 온실가스의 농도 증가로 복사강제력이 증가하고 온실효과 또한 커지고 있다.

그뿐만 아니라 전 지구적으로 빙상과 빙하, 북반구의 봄철 적설면적이 감소하고 있고, 기온 상승으로 북극 해빙범위가 지속적으로 감소할 것으로 전망하고 있다. 일련의 자료들을 종합해볼 때 기후 시스템에 인류가 끼치는 영향은 확실해졌으며, 기후변화는 피할 수 없이 다가오는 미래라는 것을 우리는 쉽게 알 수 있다. 따라서 가속화되는 기후변화의 영향을 전망하고, 이에 대응할 방안 마련이 필요하다.

우리가 기후변화에 대응하기 위해 취할 수 있는 방법으로 적응adaptation과 완화mitigation가 있다.[17] 국제사회에서 기후변화 적응에 대한 논의는 2001년 발간된 IPCC 제3차 보고서 이후 본격적으로 속도가 붙었다.

기후변화에 대한 적응이란, 사회·경제적 측면에서 기후변화의 결과로 발생하는 새로운 기회를 활용해 기회로 삼는 행동 또는 그러한 과정에서 기후변화의 위험을 최소화하고 기회를 최대화하는 대응 방안을 말한다. 온실가스의 지속적 배출로 온난화가 지속되고 있는 형편이고, 이에 따른 심각한 영향은 앞으로도 계속될 전망이다. 따라서 기후변화에 적응해 기후변화의 파급효과와 영향을 자연적 또는 인위적으로 조절하고 피해를 완화시킬 필요가 있다. 그러나 기후변화의 속도와 규모가 증가할수록 적응 한계를 초과할 가능성 또한 커진다.[18] 기후변화에 대한 적응은 기후변화 속도, 규모, 지역적 특성 및 상황에 따라 한계가 분명히 있기 때문이다.

기후변화를 실질적으로 줄이기 위해서는 온실가스 배출량의 감축이 필

17) 국토환경정보센터, http://www.neins.go.kr/
18) 기후변화 적응의 중요성, 세계자연기금, 2015.

요한데, 이를 완화 또는 감축이라고 한다. 대중교통 이용, 에너지 절약과 같은 녹색생활 실천, 신재생 에너지 사용, 탄소배출권 거래제 도입 등이 이에 속한다.

2007년에 발간한 IPCC 제4차 보고서에 따르면 2100년 온실가스 농도가 450 CO_2-eq ppm 이하이면, 온난화 정도를 $2°C$ 이하로 억제하는 것이 가능하다고 한다. 감축 방안을 실질적으로 실천하기 위해 기술, 경제, 사회, 제도적으로 노력이 필요한 것도 바로 이런 이유 때문이다. 온실가스의 실질적 감축을 위해서는 에너지 공급과정에서 탈탄소화, 소비 부문의 온실가스 저감, 탄소 흡수원 확대 등의 통합적인 접근이 필수적일 것이다.

- **기후변화의 '의미'** : 기후변화란 인위적 요인을 포함하는 지구 내·외부적 요인으로 현재의 기후계가 점차 변화하는 것을 일컫는다. 인류의 생존에 영향을 미칠 수 있기에 전 세계에서 주요 현안으로 다룬다.
- **기후변화의 '원인'** : 기후변화는 태양 활동의 변화, 기후계 역학 변화와 같은 자연현상에 기인한 자연 강제력과 인류 활동에 따른 대기 조성 변화 등 인위적 강제력으로 지구의 복사균형이 변해서 발생한다.
- **기후변화에 대한 '전망'** : 기후가 변하고 있다는 사실은 이미 현실로 다가왔다. 따라서 기후변화 완화와 적응의 중요성에 주목해 이에 대한 적절한 대응책을 찾아내는 것이 국제사회의 중요한 현안으로 떠오르고 있다. 기후변화에 적응하고 대응할 지혜로운 방안을 찾아내는 것이 인류에게 당분간 중요한 숙제로 남게 될 것이다.

기후변화에 대응하기 위한 국제사회의 노력 과정

"하루에 2배씩 면적을 넓혀 가는 수련이 있다. 만일 수련이 자라는 것을 그대로 놔두면 30일 안에 수련이 연못을 꽉 채워 그 속에 서식하는 다른 생명체들을 모두 사라지게 만들 것이다. 그러나 처음에 보기에는 수련이 너무 작아서 별로 크게 걱정하지 않는다. 수련이 연못을 반쯤 채웠을 때 치우자고 생각한다. 29일째 되는 날 수련이 연못의 절반을 덮었다. 연못을 모두 덮기까지는 며칠이 남았을까? 29일? 아니다. 남은 시간은 단 하루뿐이다."

1972년 '로마 클럽'이 발표한 『성장의 한계The Limits to Growth』에 실려 있는 일화이다. 저자들은 환경오염에 따른 지구촌의 위기와 심각성을 기하급수적으로 증가하는 연못의 수련에 비유해 이야기했다. 이 책을 시작으로 대기오염과 기후변화에 대한 경각심이 일기 시작했다. 그리고 이후 연못의 수련이 자라난 날짜를 가늠하고 수련을 치우려는 노력의 일환으로 지구의 환경오염의 심각성을 인식하고 해결을 위한 노력을 펼쳤다.

이탈리아의 사업가 아우렐리오 페체이Aurelio Peccei는 영국의 과학자 알렉산더 킹Alexander King과 함께 1968년 로마 클럽을 창설했다.[19] 로마 클럽은 OECD 산하의 민간기구로 세계 각국의 의료학자, 경제학자, 교육자 등이 참여했다. 이들은 인구문제를 포함하는 투자, 자원, 환경, 식량 등 지구촌이 당면한 과제를 논의했다. 그리고 1972년 인구, 공업, 식량, 환경 자원의 추이를 예측하는 모델을 바탕으로 '성장의 한계'를 발간하기에 이른다. 로마 클럽이 펴낸 '성장의 한계'는 여러 모로 의미가 있다. 경제 성장과 인구 증가가 환경에 미치는 부정적 영향을 발표했고, 화석연료의 사용으로 대기오염뿐만 아니라 이상기후의 초래를 언급하며 기후변화를 경고했기 때문이다.[20]

19) 로마 클럽 공식 사이트, https://www.clubofrome.org
20) 지구오염 예방하자 『로마·클럽』 보고서서 촉구, 중앙일보, 1972. 4. 4.

기후변화에 대한 국제적 대응 논의

기후변화에 문제의식을 품은 단체가 로마 클럽만은 아니었다. 같은 해인 1972년 6월 스웨덴 스톡홀름에서 지구환경문제에 관한 최초의 국제회의인 유엔인간환경회의UNCHE, United Nations Conference on the Human Environment가 열렸다. 이 회의에서 채택한 유엔인간환경회의선언은 당시의 범지구적 환경문제를 다뤄 인간환경 문제를 해결하기 위한 하나의 행동지침 성격을 지닌다. 유엔인간환경회의는 세계기상기구의 주관하에 기후변화의 원인에 관한 연구 프로그램을 진행할 것을 권고했다.

환경문제에 대한 국제적 경각심을 일깨운 유엔인간환경회의 이후인 1973년, 유엔은 지구환경문제 논의의 중심기구로 유엔환경계획UNEP, United Nations Environment Programme을 설립했다.[21] 유엔환경계획은 유엔총회에서 선출된 58개국 대표로 구성한 집행위원회를 중심으로 유엔 내의 '환경전담 정부 간 국제기구'로 활동했다.

이런 노력은 1979년에 유엔환경계획, 세계기상기구, 국제학술연합회의 ICSU, International Council for Science가 공동으로 기후변화에 관한 제1차 세계기후회의WCC, World Climate Conference를 개최하는 것으로 이어졌다. 스위스 제네바에서 개최된 제1차 세계기후회의에서 '인간의 활동에 의한 기후변화 가능성'과 '부정적인 영향을 방지하기 위한 대책의 필요성'이 제기됐다. 기후변화가 국제적 이슈로서 제대로 두각을 나타내기 시작한 것이다. 이 회의에서 세계기상기구, 유엔환경계획 등의 공동책임으로 세계기후프로그램WCP, World Climate Programme을 창설하기로 합의했다. 이 프로그램은 기후변화에 관한 정부 간 패널의 설립 기반이 된다.

1985년에는 오스트리아 빌라크에서 세계기상기구와 국제연합환경계획이 온실가스 가운데 이산화탄소가 지구온난화의 주범임을 선언했다. 그리고 21세기 전반의 지구 평균기온이 상승할 것이라고 예측했다. 이러한 기온 상

---

21) 유엔환경계획 한국위원회, unep.or.kr

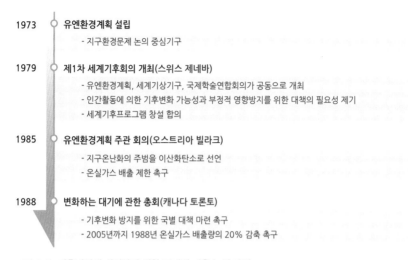

1973	유엔환경계획 설립
	- 지구환경문제 논의 중심기구
1979	제1차 세계기후회의 개최(스위스 제네바)
	- 유엔환경계획, 세계기상기구, 국제학술연합회의가 공동으로 개최
	- 인간활동에 의한 기후변화 가능성과 부정적 영향방지를 위한 대책의 필요성 제기
	- 세계기후프로그램 창설 합의
1985	유엔환경계획 주관 회의(오스트리아 빌라크)
	- 지구온난화의 주범을 이산화탄소로 선언
	- 온실가스 배출 제한 촉구
1988	변화하는 대기에 관한 총회(캐나다 토론토)
	- 기후변화 방지를 위한 국별 대책 마련 촉구
	- 2005년까지 1988년 온실가스 배출량의 20% 감축 촉구

그림 1-8 기후변화에 대처하기 위한 국제적 대응 논의 과정

승을 예방하기 위해 온실가스 농도를 제한해야 한다고 결론을 내렸다. 이 회의를 통해 이산화탄소가 감축해야 하는 첫 번째 온실가스로 떠올랐다.

이후 1988년 6월 캐나다 토론토에서 개최된 '변화하는 대기에 관한 총회 Conference on Changing Atmosphere'에서 주요 국가 대표들이 모여 2005년까지 1988년 대비 이산화탄소의 배출량을 20퍼센트 감축할 것을 촉구하는 합의를 도출하기에 이른다.[22]

IPCC 보고서, 기후변화협정에 토대 제공

지구온난화에 따른 기후변화에 적극 대처하기 위해 1988년 유엔총회의 결의에 따라 세계기상기구와 유엔환경계획이 공동으로 기후변화에 관한 정부 간 패널을 설립했다.[23]

IPCC는 기후변화의 원인과 영향을 평가하고 국제적 대책 마련을 위한 기구로, 5~7년을 주기로 유엔 기후변화 협상의 근거자료와 각국의 기후변화

22) 전의찬, 「기후변화 27인의 전문가가 답하다」, 지오북, 2016.
23) 기후변화 대응을 위한 국민참여 활성화 방안 연구, 정책연구 보고서, 에너지 경제연구원, 2009.

대응 정책의 기반이 되는 '기후변화에 관한 정부 간 패널 평가보고서'를 발간한다.

IPCC는 1990년 제1차 보고서를 통해 기후변화에 관한 과학적 근거를 제시해 정책 결정 및 기후변화협정에 토대를 제공했는데, 그 내용은 온실가스가 지난 한 세기 동안 전 세계 기후에 미친 영향을 분석하고 정리한 것이었다. 보고서에 따르면 한 세기 동안 대기 평균온도가 0.3~0.6℃ 상승했고, 해수면은 10~25cm가 상승했다. 또 산업 활동에 따른 에너지 이용을 현 상태로 지속할 경우, 이산화탄소 배출량이 매년 1.7배 정도씩 증가할 것으로 전망했다.

유엔기후변화협정: 공동의, 그러나 차별화된 책임

IPCC 제1차 보고서를 기반으로 1992년 브라질 리우데자네이루 유엔환경개발회의UNCED, United Nations Conference on Environment and Development에서 유엔기후변화협정UNFCCC, United Nations Framework Convention on Climate Change을 체결했다. 유엔기후변화협정은 이산화탄소 등 온실가스 증가로 지구온난화에 따른 이상기후현상을 예방하기 위해 채택한 것이다. 유엔기후변화협정의 선전 문구는 '공동의, 그러나 차별화한 책임Common, But Differentiated Responsibilities'이다.[24] 유엔기후변화협정에서 선진국과 개도국은 '공동의 그러나 차별화한 책임'에 따라 각자의 능력에 맞게 온실가스를 감축하기로 약속했다.

유엔기후변화협정에서 최고 의사결정기구는 당사국총회COP, Conference of Parties이다. 협정의 이행 및 과학·기술적 측면을 검토하기 위한 기구를 살펴보면 다음과 같다. 당사국총회가 최종 체결한 합의 및 조약에 대한 이행 결과 보고 및 평가에 대한 업무를 수행하는 이행부속국SBI, Subsidiary Body for Implementation, IPCC 평가보고서 재분석 및 당사국총회의 과학기술 자문 역학을 수행하는 과학기술자문부속기구SBSTA, Subsidiary Body for Scientific and

---

24) 기후변화 협상, http://mcms.mofa.go.kr/, 외교부.

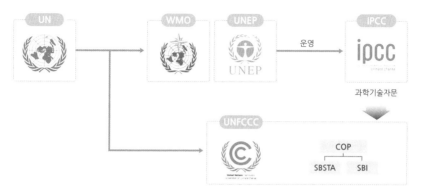

그림 1-9 UN 산하 기후변화 관련 기구 조직도

Technological Advice가 있다.

　1992년 유엔 환경개발회의에서 채택된 유엔기후변화협정은 1994년 3월에 효력을 발휘하기 시작했다. 당사국을 부속서 1^(Annex I), 부속서 2^(Annex II) 및 비부속서 1^(Non-Annex I)국가로 구분해 각각 다른 의무를 부담하도록 규정했다. 부속서 1국가는 협정 체결 당시 OECD 24개국, 동유럽시장경제전환국가 및 유럽경제공동체^(EEC) 국가이며, 부속서 2국가는 그 가운데 OECD와 유럽경제공동체국가만 포함한다. 비부속서 1국가는 감축 의무를 부담하지 않는 개도국으로 분류했다.[25]

　이런 분류에 따라 유엔기후변화협정은 '공동의, 그러나 차별화한 책임' 원칙에 따랐다. 부속서 1에 포함된 42개국에 2000년까지 온실가스 배출 규모를 1990년 수준으로 안정화시키라고 권고했다. 그리고 비부속서 1국가에는 온실가스 감축과 기후변화 적응에 관한 보고, 계획 수립, 이행과 같은 일반적인 의무를 부여했다. 한편 협징 부속서 2에 포함된 24개 선진국에는 개도국의 기후변화 적응과 온실가스 감축을 위해 재정과 기술을 지원하는 의무를 규칙으로 정했다.

25) 기후변화 협상, http://mcms.mofa.go.kr/, 외교부.

표 1-3 부속서별 국가 및 의무

구분	부속서 1국가	부속서 2국가	비부속서 1국가
국가	벨라루스, 불가리아, 체코, 에스토니아, 헝가리, 라트비아, 리투아니아, 모나코, 폴란드, 루마니아, 러시아, 슬로바키아, 슬로베니아, 우크라이나, 크로아티아, 리히텐슈타인, 몰타+부속서 2국가+유럽경제공동체(EEC)	호주, 오스트리아, 벨기에, 캐나다, 덴마크, 핀란드, 프랑스, 독일, 그리스, 아이슬란드, 아일랜드, 이탈리아, 일본, 룩셈부르크, 네덜란드, 뉴질랜드, 노르웨이, 포르투갈, 스페인, 스웨덴, 스위스, 터키, 영국, 미국 + 유럽경제공동체(EEC)	부속서 1에 포함하지 않은 개도국
의무	2000년까지 온실가스 배출 규모를 1990년 수준으로 감축 노력	개도국에 재정 지원 및 기술 이전 의무	국가보고서 제출 등의 협정상 일반적 의무

출처: 기후변화 협상, 외교부

교토의정서의 채택과 발효

1995년 3월 독일 베를린에서 제1차 당사국총회COP1가 열렸다. 여기서 당사국총회는 2000년 이후의 온실가스 감축을 위한 협상그룹Ad-hoc Group on Berlin Mandate을 설치하기로 결정했다. 그리고 그 논의 결과를 제3차 당사국총회COP3, 일본 교토에 보고하도록 하는 베를린 맨데이트Berlin Mandate 당사국총회 결정문Adoption of the Paris Agreement을 채택했다.[26]

1997년 12월 일본 교토에서 개최된 제3차 당사국총회에서는 부속서 1국가에 구속력 있는 온실가스감축 목표를 부과한 교토의정서Kyoto Protocol를 채택했다. 교토의정서는 기후변화의 주범인 여섯 가지 온실가스이산화탄소, 메탄, 이산화질소, 수소불화탄소, 과불화탄소, 육불화황를 정의하고, 부속서 1국가에 제1차 공약 기간2008~2012년 동안 온실가스 배출량을 1990년 수준 대비 평균 5.2퍼센트를 감축하는 의무를 부과했다. 한편 비부속서 1국가에는 유엔기후변화협정과 같이 일반적인 의무만을 부과했다. 온실가스 배출 감축을 위한 경제적 비용이 막대한 까닭에 그동안 구속력 있는 감축 목표가 설정되지는 못했다. 그러나 선진국들은 환경문제에 대한 국제사회의 여론 및 온실가스 배출에 대한 역사적 책임을 외면할 수 없어 감축 목표에 합의했다. 교토의정서는 교토 메커

---

26) 국제기후변화 협상동향 및 대응전략, 국가기후변화적응센터, http://ccas.kei.re.kr/

니즘이라 불리는 청정개발체제^{CDM, Clean Development Mechanism}, 배출권거래제
ETS, Emission Trading Scheme 및 공동이행제도^{JI, Joint Implementation}를 도입해 온실
가스 감축 의무 달성에 드는 비용을 최소화하고, 개도국의 지속 가능한 발전
을 지원할 수 있는 계기를 마련했다.

교토의정서는 2004년 러시아의 교토의정서 비준으로 발효 요건이 충족돼
2005년에 발효됐다. 2008년에 그 효력을 발휘해 2012년까지를 1차 이행 기간
으로 지정했으나, 카타르 도하에서 열린 제18차 당사국총회에서 2020년까지
연장했다.[27]

Post-2012 협상 실패 및 교토의정서의 연장

2007년 인도네시아 발리에서 열린 제13차 당사국총회^{COP13}에서는 교토의
정서 1차 공약 기간의 종료에 대비하는 대책을 마련했다. 그 결과 교토의정
서를 대체해 선진국과 개도국 모두 참여하는 Post-2012 체제 계획 및 일정을
명시한 '발리행동계획'을 채택했다.

그러나 덴마크 코펜하겐에서 열린 제15차 당사국총회^{COP15}에서 감축 목
표나 개도국에 대한 재정지원과 같은 핵심쟁점을 둘러싸고 선진국과 개도
국 간 처지가 첨예하게 달라 Post-2012 체제의 출범이 좌초됐다.

2010년 멕시코 칸쿤에서 열린 제16차 당사국총회^{COP16}에서는 선진국과
개도국들이 2020년까지 자발적으로 온실가스 감축 약속을 이행하기로 하는
'칸쿤 합의^{Cancun Agreement}'를 채택했다. 이후, 2012년 카타르 도하에서의 제18
차 당사국총회^{COP18}에서 교토의정서의 제2차 공약 기간을 2013년부터 2020
년으로 설정하는 도하 개정안을 채택했고 195개국이 2020년까지 1990년 대
비 25~40퍼센트의 온실가스를 감축하기로 결정하였다. 그러나 교토의정서
불참국인 미국 외에도 일본, 러시아, 캐나다, 뉴질랜드 등이 제2차 공약 기간
에 불참을 선언하면서, 참여국 전체의 배출량이 전 세계 배출량의 15퍼센트

---

27) 전의찬, 「기후변화 27인의 전문가가 답하다」, 지오북, 2016.

에 불과하게 됐다.[28] 기존 교토의정서의 단점과 한계를 극복할 새로운 기후변화 대응 협정이 필요하게 된 것이다.

2011년 남아프리카공화국 더반에서 열린 제17차 당사국총회COP17의 주요 목표는 초기 교토의정서의 연장과 2012년 이후 국제기후체제에 대한 합의였다. 하지만 여러 국가가 불참을 선언하는 바람에 협의에는 진전이 없었다. 그러나 연장 회의에서 반전이 일어났고 결과는 기대 이상이었다. 2020년 이후 모든 당사국에 적용 가능한 새로운 기후변화체제 수립을 위한 '더반 플랫폼Durban Platform' 협상을 출범시키기로 합의한 것이다. 이에 따라 2012년 초부터 Post-2020 체제를 위해 2015년에 타결하는 것을 목표로 협상을 시작했다.

2013년 폴란드 바르샤바의 제19차 당사국총회COP19에서 당사국들은 지구 기온 상승을 산업화 이전과 대비해 2℃ 이내로 억제하기 위해 2020년 이후의 '국가별 기여 방안INDC, Intended Nationally Determined Contributions'을 자체적으로 결정해 사무국에 제출하기로 했다.

2014년 12월 페루 리마에서 열린 당사국총회COP20에서는 '리마 기후행동촉진Lima Call for Climate Action'을 채택했다. 리마 기후행동촉진에는 국가별 기여 방안 제출 절차 및 일정을 규정하고, 기여 공약에 반드시 포함해야 할 정보 등을 담았다. 이 총회에서 결정한 내용은 의미심장하다. 신기후체제 협정문의 주요 항목에 대한 초안을 제시하면서 이후 2015년 파리에서 개최되는 제21차 당사국총회COP21에서 신기후체제를 타결하기 위한 기반을 마련했기 때문이다.[29]

한눈에 보는 IPCC 평가보고서 내용 및 관련 주요 회의

5~7년을 주기로 발간하는 IPCC 평가보고서는 지구 전반에 걸쳐 기후변화를 살펴본 결과를 바탕으로 지구의 온도 변화 추세와 그 원인 및 대책을 서술했다. 이 보고서는 이후 열린 유엔기후변화협정 체결에 결정적인 근거

---

28) 기후변화 바로알기, 환경부, 2015.
29) 전의찬, 『기후변화 27인의 전문가가 답하다』, 지오북, 2016.

가 됐다. 표 1-4에 역대 IPCC 평가보고서의 주요 내용과 관련 회의 및 결과를 정리했다.[30)]

표 1-4 역대 IPCC 평가보고서 요약 및 관련 주요회의 결과 요약

	역대 IPCC 평가보고서 요약		관련 주요회의 및 결과	
IPCC 보고서	주요 논점	기후변화 원인	관련 회의	회의결과 및 합의 체결 사항
제1차 보고서 (FAR, 1990)	지구 온도 상승	향후 10년간 명확한 파악 어려움	1992년 리우 UN 환경개발회의	UNFCCC 출범
제2차 보고서 (SAR, 1995)	온도 상승의 원인	인간 활동으로 인한 영향 구분 가능	1997년 교토 UNFCCC(COP3)	Kyoto Protocol 채택
제3차 보고서 (TAR, 2001)	온실가스 감축	인간 활동에서 기인할 가능성 67%	2007년 발리 UNFCCC (COP13)	Bali Roadmap 채택
제4차 보고서 (AR4, 2007)	온실가스 감축	인간 활동에서 기인할 가능성 90%		
제5차 보고서 (AR5, 2014)	온실가스 감축 가능 및 기후변화 적응 필요성	인간 활동에서 기인할 가능성 95%	2015년 파리 UNFCCC (COP21)	신기후체제

출처: 환경부 기후대기정책과, IPCC 제 5차 평가보고서(AR5)의 주요 내용 및 시사점, 2015

- **교토의정서의 '의의'** : 선진국 사이에서 법적 구속력이 있는 온실가스 배출량의 삭감 목표를 설정한 최초의 합의이다. 또 온실가스 감축 의무를 효과적이고 경제적으로 달성하기 위해 세 가지 교토 메커니즘(배출권거래, 공동이행, 청정개발체계)을 도입했다.
- **교토의정서의 '한계'** : 교토의정서에서 195개국은 2020년까지 1990년 대비 25~40퍼센트의 온실가스를 감축하기로 결정했다. 그러나 교토의정서에 참여하지 않은 미국 외에도 일본, 러시아, 캐나다, 뉴질랜드 등이 제2차 공약 기간에 불참을 선언하면서 참여국 전체의 배출량이 전 세계 배출량의 15퍼센트에 불과했다.
- **교토의정서와 '전망'** : 2차 공약 기간(2012~2020년) 동안 참여하는 감축국의 감소와 그 배출량의 합이 전 세계 온실가스 배출량의 15퍼센트에 불과한 한계가 있다. 교토의정서 합의 기간이 만료되는 2020년 이후 기후변화 체제를 위한 새로운 대안으로 '신기후체제'가 부상했다. 신기후체제에서는 모든 국가에 온실가스 감축 의무를 부여하고, 국제사회가 공동으로 검증하는 이행점검 등 교토의정서의 한계를 넘어서는 실질적인 노력들이 이루어져야 할 것이다.

---

30) IPCC 제 5차 평가보고서 (AR5)의 주요 내용 및 시사점, 환경부 기후대기정책과, 2015.

지구를 위한 위대한 합의, 파리협정과 신기후체제의 시작

2015년 12월 12일, 프랑스 파리에서는 제21차 유엔기후변화협정 당사국 총회COP21가 열렸다. 무려 195개국의 전 세계 정상들과 정부 대표들이 모인 자리였다.[31] 국제사회에서 교토의정서Kyoto Protocol 체제의 붕괴와 Post-2012 체제 출범이 잇따라 좌절되던 시점의 결정이었다. 기후변화에 대한 대응이 위기를 맞아서였을까? 위기가 기회로 전환됐다. 마침내 COP21을 기점으로 Post-2020 시대의 '신新기후체제New Climate Regime'를 출범시킨 것이다.

이에 따라 신기후체제 수립을 위한 최종 합의문인 파리협정Paris Agreement 을 채택했고, 세계 각국 정상들은 일제히 환호성을 질렀다. 주최국인 프랑스의 올랑드 대통령은 파리협정이 극적으로 타결되자 "가장 아름답고 평화로운 혁명이 이뤄졌습니다. 기후변화에 대처하는 혁명입니다. 2015년 12월 12일은 지구를 위한 위대한 날로 기억될 것입니다."라고 소감을 표현했다.[32] 미국의 오바마 전 대통령도 "지구를 구하기 위한 최선의 기회입니다. 전 세계를 위한 전환점이 됐습니다."라고 평가했다.[33]

드디어 2016년 4월 22일에는 뉴욕의 UN 본부에서 파리협정 서명식이 열렸다. 당사국 195개국 가운데 176개국이 서명해 기후변화에 적극적으로 대응하고자 하는 의지를 보인 것이다.[34]

그러나 파리협정으로 대표되는 신기후체제가 출범하기까지의 과정은 순조롭지는 않았다. 앞에서 말했듯이 교토의정서 체제가 붕괴되고 Post-2012 체제 수립마저도 실패로 돌아가게 되자, 국제사회의 기후변화 대응체제에 위기가 찾아왔다. 때마침 2011년 남아프리카공화국 더반에서 개최된 제17차 당사국총회COP17는 그동안 좌절된 기후변화 협상에 한줄기 빛처럼 다가

---

31) 교토의정서 이후 신 기후체제 파리협정 길라잡이, 환경부, 2016. 5.
32) "온난화 막기 위한 '파리 협정' 타결… 엇갈린 반응", SBS, 2015. 12. 13.
33) 파리협정과 신 기후체제, 기후변화 홍보포털 웹진 여름호, 2016.
34) 교토의정서 이후 신 기후체제 파리협정 길라잡이, 환경부, 2016. 5.

그림 1-10 2015년 12월 12일 파리협정 체결　　　　　　　출처: 연합뉴스

왔다.

　제17차 당사국총회에서 당사국들은 2020년 이후 적용할 새로운 기후변화 대응체제를 설립하고, 이를 위한 협상을 2015년까지 마치기로 합의했다. 그 결과 일부 국가만 참여했던 기존의 틀을 버리고, 모든 국가가 참여하는 온실 가스 감축 체제를 설립해야 한다는 결론을 이끌어냈다. 이를 '더반 플랫폼 Duban Platform for Enhanced Action'이라고 한다. 이에 따라 합의문을 작성하기 위해 2012년부터 2015년까지 15차례에 걸친 협상이 있었고, 마침내 파리협정을 채택했다. [35]

왜 새로운 기후체제라는 것인가?

　교토의정서가 채택된 이후 선진국과 개도국 사이에 있었던 협상은 자주 결렬됐다. 그 결과 신뢰가 하락한 것은 당연한 일이었다. 이를 극복하기 위해 기존과는 다른 새로운 체제가 필요하다는 것이 공통된 의견이었다. 그래

---

35) 교토의정서 이후 신 기후체제 파리협정 길라잡이, 환경부, 2016. 5.

서 제기된 것이 신기후체제이다. 신기후체제는 2020년에 만료되는 교토의
정서를 대체할 새로운 체제를 뜻하는 것으로 2020년 이후의 기후변화 대응
을 위한 국제협정이다.[36)]

그렇다면 파리협정은 기존의 합의와 어떻게 다르고 어떤 의의가 있는가?

가장 핵심적인 차이는 선진국과 개도국 모두가 온실가스 감축 의무를 부
담하는 기후변화협정이라는 점이다. 그 전의 교토의정서는 선진국만 온실
가스 감축 의무를 부담하는 것이었다. 그러나 파리협정은 195개 당사국 모
두가 지켜야 하는 '보편적universal'이고 '포괄적인comprehensive' 기후에 관한
합의이다. 지구의 미래에 전환점이 되는 결정이라는 점에 역사적인 의의
가 있다.[37)]

교토의정서에서 '의정서protocol'는 기본적인 문서에 대한 개정이나 보
충적인 성격을 지니는 조약treaty에 사용한다. 반면에 파리협정에서 '협정
agreement'은 비정치적이고 전문적·기술적인 주제를 다루는 경우에 사용
한다.[38)]

파리협정이 체결되기 전에 파리 기후변화 당사국 총회COP21에서는 최종
결과물이 의정서가 될지, 협정이 될지를 놓고 국가 간에 신경전이 팽팽했다.
파리총회의 최종 결과물이 교토의정서처럼 파리의정시가 될 경우 국제법적
구속력을 갖춘 기후체제가 된다. 문제는 그렇게 되면 교토의정서가 지닌 한
계와 실패를 되풀이하게 될 가능성이 있기 때문이었다.

먼저 기후변화에 회의적인 미국 의회에서 비준되지 않을 가능성이 컸다.
그뿐만 아니라 중국, 인도, 사우디아라비아 등 다른 국가도 국제법적 속박을
반기지 않을 터였다. 이러한 상황 때문에 파리총회에서 미국의 존 케리 전
국무장관은 "각국이 처한 상황과 역량에 따른 유연성을 존중한다."라고 언
급하기도 했다. 파리총회의 최종 결과물이 유연한 협정이 되면 미국 국내법

---

36) 기후변화 바로 알기, 외교부, 2015. 11.
37) 외교부, "기후변화에 관한 파리협정 비준", 보도자료, 2016. 11. 3.
38) [협력 상식] 조약과 기관 간 약정의 이해(www.icons.co.kr).

에 따라 행정명령으로 처리할 수 있는 가능성이 높아지기 때문이다.[39] 그리하여 파리총회의 최종 결과물은 각국의 사정을 고려한 '파리협정'으로 결말이 났다.

교토의정서와 파리협정 무엇이 다른가?

파리협정은 교토의정서의 한계를 극복한 합의문이라고 평가하는 만큼 이둘은 많은 점에서 비교가 된다. 교토의정서는 온실가스를 가장 많이 배출하는 미국과 중국 등의 핵심적인 국가가 감축 의무에 참여하지 않았다. 제1차 공약 기간에 참여국들의 온실가스 배출량은 전 세계 온실가스 배출량에서 22퍼센트[40]만 차지한 실정이었다. 또 제2차 공약 기간에 참여국들의 온실가스 배출량도 전 세계 온실가스 배출량에서 15퍼센트[41]만 차지하는 한계를 보여서 국제사회를 어려움에 빠지게 했다.

이러한 한계를 극복하기 위해 파리협정은 다양한 변화, 새로운 변화를 시도했다. 먼저, 목표 온도 설정에서 기존 기후변화 협상과는 다른 양상을 보였다. 파리협정 이전에도 기후변화 협상 과정에서 목표 온도를 언급하기는 했다. 그러나 법적 효력이 있는 협정문에 명시된 것은 파리협정이 처음이었다. 그리하여 파리협정에는 지구의 평균온도 상승을 2℃보다 '훨씬 아래well below'로 유지해야 한다고 명시했다.

여기서 '2℃ 목표'란 지구의 평균온도의 상승폭을 산업화 이전과 비교해 지구의 평균온도가 2℃ 이상 상승하지 않도록 온실가스 배출량을 감축하자는 것이다. 영토가 작은 섬인 개도국의 경우에는 해수면이 상승하면 국가가 사라질 수도 있기 때문에 2℃보다 '훨씬 아래'인 1.5℃ 목표를 달성하기 위한 노력이 절실히 필요하다. 이러한 개도국뿐만 아니라 유럽연합국가EU와 미국도 참여하게 되면서 1.5℃ 목표를 달성하기 위해 노력해야 한다는 내용을

39) 김상협, 의정서(Protocol)일까 협정(Agreement)일까?, Climate Times, 2015. 12. 11.
40) 교토의정서 이후 신 기후체제 파리협정 길라잡이, 환경부, 2016. 5.
41) 기후변화 바로 알기, 외교부, 2015. 11.

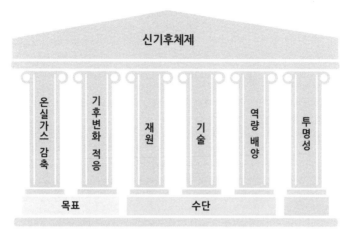

그림 1-11 신기후체제를 지지하는 여섯 개의 기둥

협정에 명시하게 됐다.[42]

　교토의정서가 온실가스 배출량을 감축하는 것이 주된 관심사였다면, 파리협정은 온실가스 감축mitigation, 기후변화 적응adaptation, 재원finance, 기술technology, 역량 배양capacity-building, 투명성transparency과 같이 다양한 분야를 포함했다. 이와 같은 6개 분야를 신기후체제를 지지하는 여섯 개의 기둥pillars이라고 한다. 기존처럼 온실가스 배출량의 감축뿐만 아니라 기후변화에 적응하는 것도 목표로 한다. 그리고 재원, 기술, 역량 배양을 수단으로 개도국을 지원해 목표를 달성하고자 한다. 여기에 투명성까지 추가해 모든 과정을 투명하게 진행할 것을 강조하고 있다.[43]

선진국과 개도국 모두가 온실가스 감축 의무 부담

　온실가스 감축의 경우, 모든 국가에 동일한 수준의 온실가스 감축 의무를 부과한 것이 아니라 각국의 다양한 여건을 감안해 온실가스 감축 의무에 차등을 두고 있다. 선진국의 경우는 경제 전반에 걸친 온실가스 배출량의 절대

---

42) 교토의정서 이후 신 기후체제 파리협정 길라잡이, 환경부, 2016. 5.
43) 기후변화 바로 알기, 외교부, 2015. 11.

량economy-wide absolute을 감축할 의무가 있다. 그뿐만 아니라 개도국에 재원을 지원하고 기술을 이전하는 등의 추가적인 의무도 있다.[44] 반면에 개도국은 경제 전반에 걸친 온실가스 감축방식을 사용하도록 권장하고 있다.

그런데 파리협정에서 선진국과 개도국의 구분은 교토의정서와는 다르다. 교토의정서는 온실가스 감축 의무가 있는 국가와 재원 및 기술을 지원하는 국가를 절대적으로 구분했다. 이와 다르게 파리협정은 선진국과 개도국을 각각 선진 당사국Developed Country Parties과 개발도상 당사국Developing Country Parties으로 구분했다. 따라서 현재는 개도국으로 분류되는 당사국도 자국의 경제 상황이 변함에 따라 선진국으로 분류될 수 있다.[45] 교토의정서와 비교하면 파리협정은 꽤나 합리적이고 유동적인 다자조약인 셈이다.

교토의정서에서는 온실가스 감축 의무의 목표를 하향식top-down으로 정했다. 반면에 파리협정에서는 온실가스 감축 의무의 목표를 상향식bottom-up으로 정했다. 그렇다면 하향식과 상향식에는 어떤 차이가 있는 걸까?

교토의정서에서 채택한 하향식은 유엔기후변화협정이 당사국에게 온실가스 감축 의무를 지우는 방식으로, 감축해야 하는 온실가스의 목록 및 구체적인 감축량을 규제한다. 그러나 참여 국가 간의 의견 차이가 좀처럼 좁혀지지 않아 감축 수준에 합의하기 어렵고, 시간과 비용이 비효율적이라는 평가를 받았다.

자발적인 온실가스 감축 의무 목표 상정

이러한 한계를 극복하기 위해 파리협정에서 채택한 방식이 바로 상향식이다. 상향식은 참여 국가가 각자 지국의 상황과 역량을 고려해 자발적으로 목표를 정하는 방식으로, 이 목표를 '국가결정기여INDC, Intended Nationally Determined Contributions'라고 한다. 국가결정기여란 당사국이 기후변화협정을 이행하기 위해 분야별로 스스로 결정해 유엔기후변화협정에 제출하는 목표

---

44) 교토의정서 이후 신 기후체제 파리협정 길라잡이, 환경부, 2016. 5.
45) 44)와 같은 출처.

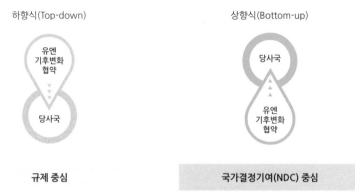

그림 1-12 하향식과 상향식 비교　　　출처: 파리협정과 신기후체제, 기후변화홍보포털 웹진 여름호, 2016

를 말한다. 여기서 분야는 앞서 말한 신기후체제의 6개 분야감축, 적응, 재원, 기술, 역량 배양, 투명성와 동일하다. 상향식을 채택한 이유는 더 많은 국가의 참여를 유도하고 기후변화에 신속하게 대응하기 위해서다. 모든 당사국이 국가결정기여를 제출할 의무가 있지만, 법적 구속력은 부여하지 않아서 더 많은 국가의 참여를 유도하는 것이 가능했다.[46]

　그렇다면 법적 구속력이 없는데 당사국이 제출한 국가결정기여를 잘 이행하는지 어떻게 점검할 수 있을까? 그 점을 살펴보기 위한 것이 바로 '글로벌 이행점검Global stocktake'과 '진전 원칙principle of progression'이다.

　글로벌 이행점검이란 당사국이 제출한 국가결정기여가 2℃ 목표에 부합하는지를 파리협정 당사국총회CMA, Conference of the parties serving as the Meeting of the parties to paris Agreement에서 5년마다 검토하는 것이다.[47] 교토의정서는 목표 온도를 달성하기 위해 온실가스의 전체 감축량을 계산해 당사국에게 할당하는 방식이었다.

　그러나 신기후체제에서는 국가결정기여를 도입해 당사국이 온실가스 감축 목표를 자발적으로 설정한 것이다. 따라서 파리협정 당사국총회CMA가

---

46) 파리협정과 신 기후체제, 기후변화홍보포털 웹진 여름호, 2016.
47) 교토의정서 이후 신 기후체제 파리협정 길라잡이, 환경부, 2016. 5.

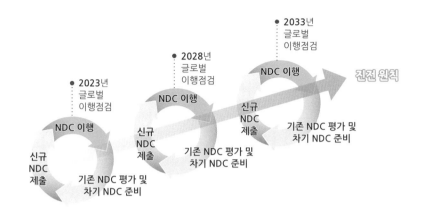

그림 1-13 신기후체제 기본 운영 골자 출처: 교토의정서 이후 신기후체제 파리협정 길라잡이, 환경부, 2016

당사국에게 특정 수준의 목표를 이행하라고 요구할 수 없다. 글로벌 이행점검에서는 모든 당사국의 국가결정기여와 이행상황을 통합해 점검한다. 그런 뒤에 2℃ 목표를 달성하려면 당사국이 얼마나 더 노력해야 하는지 검토한다.

2023년부터 글로벌 이행점검이 실시되는데, 그 전에 준비 단계로 2018년에 이행을 점검하는 성격의 '촉진적 대화facilitative dialogue'를 개최한다. 여기에서 당사국이 국가결정기여를 달성하기 위해 얼마나 노력하는지 점검한다. 그리고 당사국은 글로벌 이행점검의 결과를 반영한 새로운 국가결정기여를 5년마다 제출해야 한다. 이때 새로운 목표는 이전보다 반드시 더 높은 수준으로 조정돼야 하는데, 이를 진전 원칙이라고 한다.

교토의정서는 공약 기간을 정하는 체제여서 새로운 공약 기간을 정하려면 각 국가를 상대로 끊임없는 협상을 해야만 했다. 그러나 협상이 자주 결렬되고, 많은 국가가 불참해 그 체제가 지속될지 불확실한 상황이었다. 이런 상황에서 국제사회가 기후변화에 적극적으로 대응하기란 어려웠다. 이런 점을 보완하기 위해 파리협정은 글로벌 이행점검과 진전 원칙을 도입해 종

료 시점 없이 기후변화에 지속적으로 대응할 수 있는 체제를 구축했다.[48]

　파리협정이 교토의정서와 다른 점 또 하나는 다양한 행위자가 참여했다는 것이다. 교토의정서에서 기후변화 대응에 참여하는 주요 행위자는 국가였다. 그러나 국제사회에서 다국적 기업, 민간 부문, 시민 사회 등 국가 이외의 주체들이 활동하는 영역이 점차 확대되면서 국가만으로는 기후변화 대응에 한계가 있었다. 그래서 제21차 당사국총회 결정문에는 '파리협정'을 채택한다는 내용과 함께 비非당사국 이해관계자Non-Party stakeholders가 기후변화 대응에 동참하도록 독려하는 내용을 포함했다.[49] 비당사국 이해관계자들은 기후변화 대응에 적극적으로 동참해야 한다. 그리고 당사국 정부는 이해 관계자들과 긴밀하게 협력해야 한다. 당사국 정부가 기후변화 대응 정책을 수립하고 이행할 때, 이해관계자들과의 긴밀한 협력이 더욱 중요해질 것이기 때문이다.

신기후체제의 의의와 전망

　지금까지 파리협정의 대략적인 내용과 교토의정서와의 차이점에 대해 살펴봤다. 여기서는 신기후체제는 이전의 체제들과 어떻게 다른지 '신기후체제의 출범Launching a New Climate Regime'[50]의 의의를 살펴보자.

　첫째, '보편적인 수단에 근거해 수립한 탄탄한 국가별 기여 평가제도A robust system of review with widely accepted measures of national effort'라는 점이다. 둘째, '미래에 상호 간의 합의에 대한 확고하고 장기적인 계획An established, durable plan of future pledge cycles'이라는 점이다. 그리고 셋째, '저개발 국가의 기후변화 완화 노력을 위한 향상된 재정적 지원Increased financial support for the mitigation efforts of less-developed countries'을 들 수 있다.

　그러나 위와 같이 긍정적인 시각만 있는 것은 아니다. 신기후체제에 대한

---

48) 교토의정서 이후 신 기후체제 파리협정 길라잡이, 환경부, 2016. 5.
49) 48)과 같은 출처.
50) Henry D. Jacoby and Y-H Henry Chen, "Launching a New Climate Regime", MIT Joint Program On the Science And Policy of Global Change, 2015. 11.

교토의정서		파리협정
온실가스 배출량 감축(1차:5.2%, 2차:18%)	**목표**	2℃ 목표 및 1.5℃ 목표 달성 노력
온실가스 감축에 초점	**범위**	감축, 적응, 재원, 기술, 역량 배양, 투명성
선진국	**감축 의무국가**	선진국 및 개도국
하향식(Top-down)	**목표 설정방식**	상향식(Bottom-up)
징벌적 (미달성량의 1.3배를 다음 공약 기간에 추가)	**목표 불이행 시 징벌 여부**	비(非)징벌적
언급 없음	**목표 설정기준**	진전원칙
공약 기간에 종료 시점에 있어 지속 가능한지 의문	**지속 가능성**	종료시점을 규정하지 않아 지속 가능한 대응 가능
국가 중심	**행위자**	국가 및 비(非)국가 이해관계자

그림 1-14 **교토의정서와 파리협정 비교** 출처: 교토의정서 이후 신기후체제 파리협정 길라잡이, 환경부, 2016

비판과 우려의 목소리도 나오고 있다. 먼저 각 국가가 온실가스 감축 목표를 자율적으로 정하도록 해서 실효성이 떨어진다는 것이다. 앞서 말했듯이 파리협정은 온실가스의 전체 감축량을 계산해 각국에 할당하는 방식이 아니다. 그렇기 때문에 각국이 온실가스 감축 목표를 스스로 정하면 목표 온도2℃에 도달하기 어려울 수도 있다. 따라서 모든 당사국이 제출한 국가결정기여 NDC를 모두 이행한다 하더라도 목표 온도2℃에 도달할 만큼 온실가스가 감축되지 않을 가능성이 있다는 것이다.

또한 파리협정이 법적 효력이 있는 합의문이라지만 국가결정기여의 내용에는 법적 구속력이 결국 빠졌다는 문제도 제기될 수 있다. 그러나 법적 구속력이 없더라도 당사국은 5년 주기로 새로운 목표를 제출할 의무가 있다. 그렇기에 만일 이를 지키지 않는다면 국제사회와 여론의 비난을 피할 수 없기에 이를 어기기는 어려울 것이다. 그리고 파리협정이 타결된 후 개도국 처지에서는 환경을 논의하는 사람들이 선진국과 이해관계가 있는 까닭에 합의 결과가 다소 실망스럽다는 의견도 있었다.[51] 새로운 체제의 출범을 걱정 반, 기대 반, 전망이 엇갈리는 것은 어쩌면 당연하다. 중요한 것은 앞으로 전 세계가 앞에 놓인 전 지구적 과제를 어떻게 풀어나가느냐 하는 일이다.

파리협정 채택은 신기후체제 출범의 시작을 알리는 신호탄에 불과하며 신기후체제로 들어서기까지는 갈 길이 멀다. 우선 파리협정을 발효시켜야 한다. 파리협정을 채택했다고 해서 반드시 발효를 시작하는 것은 아니다. 다행히도 2016년 11월 4일에 파리협정이 드디어 효력을 나타냈다. 파리협정의 발효 요건으로 전 세계 온실가스 배출량의 55퍼센트 이상을 차지하는 55개 이상의 당사국이 자국 내 비준을 받고 30일이 지났기 때문이다. 우리나라도 파리협정이 발효되기 하루 전에 파리협정 비준 동의안을 통과시켜 95번째 파리협정 참여국이 됐다.[52] 그리고 파리협정의 내용도 구체화해야 한다. 2015년이 협상 시한이었기 때문에 후속 협상으로 넘긴 부분이 많았다.

이런 점을 해결하기 위해 2015년 5월 독일의 본Bonn 기후변화 회의에서 파리협정의 후속 협상을 진행했다. 당사국은 감축, 적응, 재원, 기술 개발과 이전, 투명성, 역량 배양, 국제 탄소 시장 등의 세부 사항을 논의했으며, 향후 후속 협상에 대한 논의도 이뤄졌다.[53] 파리협정이 발효된 뒤 실제로 이행해야 할 세부 사항을 정하기 때문에 후속 협상은 더욱 활발해질 것이다. 또한 국가 간의 활발한 협상 끝에 세부 사항이 확정되면 신기후체제는 우리에게 더 가까이 다가와 있을 것이다.

우리나라의 신기후제제 대응 방안

국제사회는 이미 신기후체제로 급속하게 들어서고 있다. 신기후체제를 맞이하려면 국가는 실제로 파리협정에 부합하는 방향으로 움직여야 한다.

---

51) "역사적인 파리협정 체결… 환영 속 후속 대책 착수", YTN, 2015. 12. 13.
52) "파리기후협정 발효, '신 기후체제' 가동", KBS, 2016. 11. 4.
53) 최원기, 파리협정(Paris Agreement) 후속협상: 최근 동향과 전망, 국립외교원 외교안보연구소, 2016. 6. 8.

지금 세계는 재생 에너지에 대한 적극적인 투자와 친환경 자동차 보급 확산 등 기술 패러다임의 전환이 빠르게 일어나는 중이다. 이 때문에 세계 기술시장에도 큰 변화가 일어날 것이다.

그러면 우리나라는 신기후체제를 맞이하기 위해 어떤 준비를 하고 있을까? 크게 '2030 온실가스 감축 로드맵'과 '2050 장기 저탄소 발전 전략'이 있다.[54]

파리협정이 채택된 후 우리나라는 국가결정기여로 2030년까지 2030년의 온실가스 배출 전망치^{BAU, Business As Usual} 대비 37퍼센트를 감축하겠다는 목표를 정해 제출했다.[55] 그리고 파리협정을 좀 더 효과적으로 이행하기 위해 '제1차 기후변화대응 기본계획'과 '2030 국가 온실가스 감축 기본 로드맵'을 수립했다.[56] '제1차 기후변화대응 기본계획'은 중장기적인 기후변화 대응 전략과 구체적인 행동 계획을 담은 종합 대책으로 온실가스 감축, 기후변화 적응, 국제협력 강화 등을 담고 있다. 기존에 온실가스 감축 위주의 정책에서 벗어나 저탄소 에너지 정책, 탄소시장, 기후변화 대응기술 중심의 새로운 패러다임으로 전환해 점차적으로 저탄소 사회로 나아가기 위한 계획이다.

'2030 국가 온실가스 감축 기본 로드맵'은 2030년 국가 온실가스 감축 목표 37퍼센트^{BAU 대비}를 이행하기 위한 체계적인 방안을 담고 있다. 기본 로드맵에 따르면 2030년에 감축량 3억 1,500만 톤 가운데 국내에서는 전환발전, 산업, 건물, 에너지 신산업, 수송, 공공·기타, 폐기물, 농축산과 같은 8개 부문에서 25.7퍼센트인 2억 1,900만 톤^{BAU 대비}을 감축할 계획이다.

국외에서는 신기후체제의 주요 감축 수단 가운데 하나인 국제 탄소시장 메커니즘^{IMM, International Market Mechanism}으로 9천6백만 톤을 감축할 계획이다.

하지만 몇 가지 전제 조건이 필요하다. 온실가스 감축과 관련해 국제사회와 합의해야 하며, 글로벌 탄소배출권 거래시장이 확대돼야 한다. 또한 재원

54) 교토의정서 이후 신 기후체제 파리협정 길라잡이, 환경부, 2016. 5.
55) 외교부, "2030년 우리나라 온실가스 감축목표 BAU 대비 37%로 확정", 보도자료, 2015. 6. 30.
56) 국무조정실, "신 기후체제 출범에 따라 효율적 기후변화대응을 위한 국가차원의 중장기 전략과 정책방향 제시", 보도자료, 2016. 12. 6.

을 조달하는 방안이 마련되는 등의 전제 조건을 충족해야 한다.[57]

그리고 파리협정에 따라 모든 당사국은 '2050 장기 저탄소 발전 전략'을 수립해 2020년까지 유엔에 제출해야 한다. 우리나라는 2009년부터 2050년까지 녹색성장 국가전략을 바탕으로 경제, 사회, 환경 등 모든 분야에서 화석연료에 의존하는 것에서 벗어나 저탄소 사회로 나아가기 위한 전략을 세울 계획이다.[58] 그리고 앞서 언급한 기본계획, 기본 로드맵, 발전 전략은 '저탄소 녹색성장 기본법'에 따라 수립했다. 이처럼 우리나라도 파리협정을 이행하려는 국제사회의 노력에 발맞추어 신기후체제에 점진적으로 대응해나갈 것이다.

---

57) 국무조정실, "신 기후체제 출범에 따라 효율적 기후변화대응을 위한 국가차원의 중장기 전략과 정책방향 제시", 보도자료, 2016. 12. 6.
58) 교토의정서 이후 신 기후체제 파리협정 길라잡이, 환경부, 2016. 5.

- **신기후체제의 '의의'** : 기후변화 체제 최초로 선진국과 개도국 모두가 참여해 기후변화 대응에 장기적으로 실천하려는 강한 의지가 엿보였다. 미국, 중국, 인도는 기존에 기후변화 합의에는 부정적인 태도를 보였으나, 파리협정 체결에서는 온실가스 감축에 적극적인 태도를 보여 협정을 원활하게 했다. 영국 주간지 '이코노미스트(The Economist)'는 파리협정이 기후변화를 안정시키지는 못할 것이지만, 노력 자체가 대단한 성과라고 평가하기도 했다.[59]

- **신기후체제의 '한계'** : 기후변화로 피해를 입고 있는 개도국에 기술을 이전하고 자금을 지원하는 문제는 별도조항으로 규정할 뿐 법적 구속력이 없다. 따라서 책임 기준이 포함되어 있지 않다는 점에서 한계가 있다. COP21 이전에 각국에서 유엔에 제출한 '국가별 자발적 온실가스 감축 방안(INDC, Intended Nationally Determined Contribution)'에 따르면 지구 평균기온은 이미 2.7°C 상승했다. 그래서 파리협정에서 '국가결정기여(NDC)'의 제출로 온실가스 감축 목표에 자율성을 부여한 것에 주의가 필요한 실정이다.

- **신기후체제의 '전망'** : 여러 참여국이 파리협정 비준을 빠른 시일 내에 받는 적극적인 태도를 보여 파리협정이 생각보다 빨리 발효됐다. 덕분에 신기후체제가 2020년보다 앞당겨질 수도 있을 것으로 보인다. 그러나 미국의 트럼프 대통령이 파리협정 탈퇴를 선언하여 향후 이행에 우려가 있는 실정이다. 그러나 신기후체제에 선도적 역할을 하겠다는 세계 각국의 의지는 변함없으므로 전 지구적 이행은 이루어질 것으로 본다. 파리협정이 성공하기 위해서는 세계 각국이 화석연료에서 신재생 에너지로 전환하려는 확고한 노력이 필요하다.[60] 더불어 자율적 온실가스 감축 목표에 막중한 책임감을 가져야 앞으로 다가올 신기후체제를 잘 맞이할 수 있을 것이다.

59) 주간 에너지 이슈브리핑, 학술이슈:파리 기후변화협상이 가지는 의미, 제112호, 2015. 12. 18.
60) 한국일보, 파리협정, 문제는 트럼프가 아니다, 2016. 12. 9.

2장

기후변화,
이제는 생존을 위해
대비할 때

현대사회를 살고 있는 인류에게 가장 필요한 3가지가 있다. 물, 식량, 에너지가 바로 그것이다. 물은 사람 몸의 70퍼센트를 구성하고 있으며 생활에 필수적이기 때문에 지속적인 섭취가 필요하다. 그리고 활동에 필요한 에너지를 얻기 위해서는 음식을 섭취해야만 한다. 끝으로 기계로 가득한 현대사회를 살기 위해서는 기계를 작동시킬 수 있는 에너지가 필요하다.

물은 인간의 몸을 구성하는 중요한 역할을 맡고 있기에 식수로 가장 많이 사용한다. 하지만 물은 식수가 아니더라도 인간 생활을 위해 꼭 필요하다. 그 가운데 하나가 작물 재배에 사용하는 물이다. 인간은 농업혁명 이후에 농업을 기반으로 발전해왔다. 그래서 농사를 짓는 데 필수적인 물은 인류가 식량을 확보하기 위한 중요 요소가 되었다. 인류의 4대 문명이 나일 강, 유프라테스 강과 티그리스 강, 인더스 강 그리고 황하 강과 같이 큰 강 주변에서 발생한 것도 바로 그런 이유 때문이다. 큰 강 유역은 교통이 편리한 점도 있지만, 관개 농업에 필요한 물을 끌어다 쓰기에 유리하다. 오늘날에도 전 세계 물 이용량 가운데 70퍼센트는 농업용수로 사용할 정도로 물은 식량 확보에서 중요한 위치를 차지하고 있다.

생물자원의 경우도 물과 비슷하다. 인간이 생물자원을 주로 사용하는 목적은 식량을 얻기 위한 것으로 식물작물 재배와 동물의 사냥이 여기에 속한다. 하지만 생물자원은 인간의 생활을 위한 의약품 개발 및 건강 보조식품을 위해서도 필요한 것들이다. 예로부터 인류는 식물에서 추출한 물질을 병을 치료하기 위한 약제로 사용하곤 했는데. 오늘날에도 상황은 마찬가지이다. 식물에서 추출한 화학물질을 많은 사람을 살리는 의약품으로 사용하고 있다. 또한 최근에는 식물에서 추출한 물질을 가지고서 건강 보조제를 만들기도 한다.

인류의 탄생부터 필요했던 물이나 식량과는 다르게 에너지는 18~19세기에 발생한 산업혁명 이후부터 인간의 삶에 필수적인 것이 됐다. 증기기관으로 시작한 산업혁명은 오늘날 인간을 뛰어넘는 기계인 인공지능까지 만들게 됐다. 그와 동시에 기계는 우리 삶에 깊숙이 침투했다. 컴퓨터, 스마트폰 그리고 자동차 등의 기계는 인간 삶에서 없어서는 안 될 것들이 되었다. 이 과정에서 반드시 필요한 것이 하나 추가되는데 바로 에너지이다. 기계를 작동시키기 위해서는 에너지가 필요하기 때문이다.

물, 식량, 에너지가 풍부하던 시절, 사람들은 과학기술의 도움으로 인류 문명이 계속해서 발전할 것이라고 생각했다. 하지만 이 생각은 그리 오래가지 못했다. 과학기술은 발전을 거듭했고 인간의 삶은 편해졌지만 그와 동시에 환경은 파괴되었다. 과학기술 발달에 따른 환경 파괴는 이미 인간에게 영향을 끼치기 시작했다. 지구 곳곳에서 이상기후로 자연재해가 발생했다. 아이러니하게도 인류의 발전을 위해서 했던 행동들이 인류의 생존을 위협하는 상황이 된 것이다.

이제 인류는 물, 식량, 에너지 부족과 이상기후로 그전과는 다른 상황에서 살아가게 됐다. 이와 같은 상황은 단기적으로 발생한 문제가 아니기에 장기적으로 그리고 지속적으로 인간의 삶에 영향을 미칠 것으로 예상된다. 그래서 그 전과 비교해 비정상적abnormal인 상태로 바뀐 것을 새로운 정상상태 또는 새로운 표준으로new-normal으로 받아들이고 적응해야 한다. 이제는 번영이 아니라 생존을 위해 대비해야 할 시점이다. 아울러 지속 가능한 발전을 모색해야 한다. 바닷물을 이용하고 신재생 에너지를 생산하거나 다양한 생물 종의 보존을 생각하면서 식량을 생산해야 한다. 지금은 '인류의 번영'에서 '인류의 생존'으로 생각의 전환이 필요한 시점이다. 따라서 인류에게 필수적인 세 요소인 물, 식량 그리고 에너지를 어떻게 사용해야 하는지를 진지하게 생각해볼 필요가 있다.

2장에서는 기후변화 시대에 우리 삶에 필수적인 요소들을 안정적으로 유지하기 위해 어떤 기술적인 조치를 취하고 있는지 다룰 것이다. 또 이를 기반으로 각 기술들의 미래가 어떻게 펼쳐질지도 전망하였다.

- abnormal : '비정상'을 뜻하는 단어로 기후변화에 대한 인식을 기상이변, 비정상으로 생각하는 것을 의미.
- new-normal : '새로운 정상', '새로운 기준'을 뜻하는 단어로 기후변화에 대한 인식을 더는 비정상이 아닌, 적응해야 할 새로운 표준으로 생각한다는 의미.
- 국제에너지기구(IEA, International Energy Agency) : 국제적 석유 긴급 유통 계획 기구.
- 계통한계가격(SMP, System Marginal Price) : 시간별로 발전기의 전력량에 적용하는 전력시장 가격.
- 총 먼지(TSP, Total Suspended Particles) : 지름 50μm 이하의 크기를 갖는 먼지.
- 에어로졸(aerosol) : 대기 중 존재하는 0.001~100μm 정도의 크기를 가진 고체, 액체상의 작은 입자.
- 미세먼지(PM, Particulate Matter) : 지름 10μm 이하의 미세한 먼지, 지름 10μm 이하의 먼지는 PM_{10}, 지름 2.5μm 이하의 먼지는 $PM_{2.5}$로 표기.
- 이산화탄소의 포집 및 처리(CCS, Carbon Capture and Sequestration) : 화석연료를 주 에너지원으로 사용하는 시설에서 대량으로 발생하는 이산화탄소를 대기 중에서 격리시키는 기술.
- 생물 다양성(biodiversity) : 지구 자연계에 존재하는 생물의 다양성으로 유전자 다양성, 종 다양성 그리고 생태계 다양성을 종합한 개념.
- 유전자 다양성(genetic diversity) : 하나의 종에서 나타나는 유전자 변이를 고려하는 다양한 정도.
- 종 다양성(species diversity) : 서로 다른 종의 다양한 정도. 유전자 다양성의 상위 개념.
- 생태계 다양성(ecosystem diversity) : 생물이 서식하는 생태계의 다양한 정도. 생물 다양성 중 최상위 개념.
- 국제연합환경개발회의(UNCED, United Nations Conference on Environment and Development) : 1992년 브라질 리우데자네이루에서 열린 국제회의로, 전 세계 185개국 정부 대표, 114개국 정상이 모여 지구환경 보전을 논의한 회의. 리우 정상회의(Rio Summit) 또는 지구 정상회의(Earth Summit)라고 함.
- 지속 가능 발전 목표(SDG, Sustainable Development Goals) : 지속 가능한 발전을 저해하는 요소들에 동시적으로 대응하기 위해 설정한 목표. 17대 목표로 구성돼 있으며, 169개의 세부 목표와 230개의 지표를 담고 있음.
- 사극자-비행시간형(Q-TOF, Quadrupole Time-Of-Flight) : 물질을 작은 입자로 쪼개 각 조각물의 질량분석으로 미지 물질의 전체 구조를 분석하는 방식, 극미량 성분의 정성분석이 가능.
- 삼중 사극자(QqQ, Triple Quadrupole) : 삼중 사극자에 직류전원과 교류전원을 공급해 형성된 전기장에 분석하고자 하는 혼합성분을 통과시킴. 그런 뒤 각각의 전기장 특성에 따라 분리되는 패턴을 컴퓨터를 이용해 스펙트럼화해서 디스플레이함. 그리하여 유기물의 특징적인 이온스펙트럼 성향을 추적해 혼합성분의 상호 존재비와 각 성분의 구조 그리고 성분적인 특성을 규명하는 분석법.

- 종이분무화 이온화법(PSI, Paper Spray Ionization) : 시간대별로 얻어진 시료를 전처리 없이 질량분석이 가능한 방법.
- 다중 질량분석(MS″, Multi-Stage MS) : 구조가 아주 유사한 이성질체를 질량분광법(Mass Spectroscopy)을 거쳐 토막이온을 얻고 이 토막 이온을 분리시켜 한 번 이상의 단계를 거쳐 이성질체 구조 차이를 확인할 수 있는 방법.
- 핵자기공명(NMR, Nuclear Magnetic Resonance) : 자기장 속에 놓인 원자핵이 특정 주파수의 전자기파와 공명하는 현상으로 탄소와 수소 사이의 뼈대(framework)를 분석해 유기물의 구조, 맵(map) 등을 파악하는 데 사용.
- 탄소 포집 및 저장(CCS, Carbon Capture and Storage) : 화석연료 사용으로 발전소, 철강, 시멘트 공장 등 대량 배출원에서 배출하는 이산화탄소를 지중 또는 해양에 저장시켜서 격리시키는 기술.
- 탄소 포집·활용·저장(CCUS, Carbon Capture, Utilization and Storage) : 이산화탄소를 재사용이 가능한 탄소원(Carbon Source)으로 인식하고 고부가가치의 탄화수소 또는 화학제품으로 재활용하는 기술.
- 독립영양체(autotrophic) : 식물체 및 광합성 박테리아처럼 자신에 필요한 양분을 무기물에서 합성하는 생물체들.
- 디메틸카보네이트(DMC, dimethylcarbonate) : 가연성을 가진 무색의 유기화합물로 화학반응 이후 환경에 미치는 부정적인 영향이 적기에 친환경 시약으로 분류됨. 여러 가지 화학적인 반응성을 갖고 있기 때문에 메틸, 메톡시, 메톡시카보닐기 등의 반응성 기를 도입할 수 있는 기능이 있다. 따라서 종전에 사용되던 디메틸슬페이트, 메틸할라이드 등과 같은 독성과 부식성이 강한 화학약품을 대체하고 있음.
- 건식 개질(dry-reforming technology) : 열 촉매 화학적 전환 방법 가운데 하나로 메탄과 이산화탄소를 이용해 일산화탄소와 수소를 반응시켜 합성가스를 생산하는 기술.
- 광감응제(photosensitizer) : 빛을 흡수해 여기상태가 된 후, 에너지 혹은 여기 전자를 주변에 전달함으로써 반응을 일으킬 수 있는 물질. 빛을 흡수해 여기상태가 된 후 들뜬 에너지의 이동으로 기질분자를 들뜬 상태로 하거나, 기질분자와 전자 이동으로 라디칼 이온종을 생성하는 것으로 기질에 반응을 일으키는 것을 말함.
- 기후기술로드맵(CTR, Climate Technology Roadmap) : 2016년 미래창조과학부에서 추진을 시작한 것으로, 다양한 주체의 연구개발 활동을 효과적으로 결집해 공유, 조율함으로써 기후기술을 성공적으로 확보하고, 기후변화대응 역량을 극대화하기 위한 수단.
- 텔레매틱스(telematics) : '전자통신(telecommunication)'과 '정보과학(informatics)'의 합성어로 자동차와 무선통신을 결합한 새로운 개념의 차량 무선인터넷 서비스.
- 커넥티드 카(connected car) : 인터넷, 모바일 기기 등 정보통신기술과 자동차를 연결시켜 양방향 소통이 가능한 차량.
- 엘니뇨(el Niño) : 페루와 칠레 연안에서 일어나는 해수 온난화 현상으로 발생연도를 중심으로 지구 전체에 이상 현상을 가져옴.
- 윈스턴(Winston) : 2016년 2월에 남태평양 섬나라 피지(Fiji)를 강타한 사이클론 이름.

기후변화, 이제는 생존을 위해 대비할 때

기후변화, 비정상이 새로운 표준이 되다

21세기에 들어선 뒤 우리나라는 매년 사상 최대의 한파와 폭설, 사상 최대의 더위라는 언론의 기사가 쏟아지기 일쑤였다. 그 결과 폭설, 폭우, 태풍 등의 기상이변 때문에 피해가 급속히 늘고 있는 상황이다.[1] 이러한 현상은 비단 우리나라뿐만 아니라 해외에서도 일어나고 있다. 북반구에서는 기록적인 한파와 폭설이 이어지고, 남반구에서는 폭우가 쏟아지는 등 기상이변이 지구촌을 뒤덮고 있다. 전 세계적으로 기상이변 때문에 발생하는 피해의 빈도가 크게 증가하고 있는 중이다.

기상이변은 일종의 '극한기후' 현상이다. 많은 전문가는 극한기후 현상의 직접적인 원인으로 지구의 평균온도가 증가하면서 발생한 기후변화를 지적하고 있다. 1장에서 알아봤듯이 기후변화는 일정한 지역에서 장기간에 걸쳐 구축된 평균적인 대기현상의 상태가 오랜 시간에 걸쳐서 변화가 진행되는 것을 의미한다. 기상이변이 기후변화의 결과물이고, 인간의 이기적인 욕심

---

1) 주영수, 기후변화와 건강, 대한내과학회지 75권 5호, 2008.

으로 가득한 활동들 때문에 배출한 온실가스가 기후변화에 큰 영향을 미쳤다면, 이러한 극단적인 기후변화, 즉 기상이변은 인재人災라고 표현해야 할 것이다.

인재로 인한 기후변화를 방치할 경우, 미래에 기후변화로 인한 극단적인 기상이변이 더는 '비정상abnormal'이 아니라 '새로운 정상new-normal'이 될 것이며 기후변화는 더 이상 학문적으로만 논의되는 문제가 아니라 우리 앞에 바로 다가온 현실의 문제가 될 것이다.

사실상, 기후변화는 현실이 돼버렸다. 기후변화로 지구의 온도가 크게 변함에 따라 모든 것이 바뀌고 있다. 이러한 큰 규모의 변화를 작은 존재에 불과한 인간의 힘으로 뒤집거나 바꿀 수는 없다. 따라서 그 흐름에 몸을 맡길 수밖에 없다. 그러나 인간을 포함한 모든 생명체는 변화에 적응하기가 쉽지 않다. 끊임없이 변화하는 환경 시스템 속에서 이 변화의 속도와 폭에 적응하고, 피해를 줄이기 위한 많은 노력이 필요하다. 따라서 21세기의 가장 큰 화두 가운데 하나로 새로운 표준인 기후변화가 제기될 전망이다.

위기를 기회로 만들 수 있는 기후변화 대응기술 개발

기후변화로 인한 기상이변은 우리가 이겨낼 수 없는 자연 현상이다. 따라서 생존을 위해 적응하는 것이 가장 중요한 문제로 꼽힌다. 이를 위해서는 먼저 기후변화를 체계적, 과학적으로 증명해야 한다. 기후변화가 가져오는 문제점과 원인을 체계적으로 분석하고, 과학적으로 기후변화를 이해할 수 있는 시스템을 디자인해야 한다. 그 후 다가올 미래를 예측하고 적응하기 위한 해결책을 제시해야 한다.[2]

또한 이를 바탕으로 예측한 결과와 해결 방안이 어떠한 영향을 미칠 수 있는지 체계적으로 분석이 가능해야 한다. 이는 기후변화에 적응하기 위한 가장 큰 뼈대가 될 것이다.

---

2) 권원태, 기후변화의 새로운 패러다임, 물리학과 첨단기술, 2007. 10.

기상청에서 불과 하루, 이틀 뒤의 날씨를 예보할 때도 많은 오차가 있다. 하물며 가까운 미래뿐만 아니라 먼 미래의 기상 현상을 예측한다는 것은 분명 쉬운 일이 아니다. 더욱이 지금은 기후변화 때문에 기상이변 현상이 빈번하게 발생하고 재해까지 발생하고 있다. 이런 상황에서 기존의 예보 시스템으로 이상기상 현상을 장·단기적으로 예측한다는 것은 힘든 일이다. 하지만 중요한 기본요소라는 점에는 이견이 있을 수 없다.

그뿐이 아니다. 이상기상의 영향을 분석하고 예측하는 것 또한 그 중요성이 점차 커질 것이다. 기후를 예측하는 기술 그리고 그 영향을 분석하는 기술이 모두에게 인정받을 수 있는 근거를 갖기 위해서는 좀 더 과학적일 필요가 있다. 그뿐만 아니라 꾸준하게 근본이 되는 기술 개발이 따라야 한다. 최근에 알파고를 통하여 주목받고 있는 딥러닝Deep Learning, 사물이나 데이터를 군집화하거나 분류하는 데 사용하는 기술과 4차 산업혁명과 더불어서 주목받고 있는 빅데이터 분석 기술은 기후변화 기술에 힘을 실어줄 것이다.

기후변화 과학 분야의 발전이 바탕이 된 뒤에는 기후변화로 인한 대자연의 흐름에 능동적으로 적응하고 변화할 수 있어야 한다. 기온 상승, 해수면 상승, 빙하 감소, 전례 없는 폭우 및 폭설 같은 이상기후에 적응해야 하는 것은 이제 생존을 위한 문제가 됐다. 우리는 과거 번성하여 영원할 것만 같았던 제국과 문명들이 무너져서 허무하게 역사 속으로 사라진 것을 수없이 봐왔다. 찰스 다윈이 말하는 진화론의 핵심은 "진화의 방향은 변화에 적응하는 것"이다. 자연에서 일어나는 거대한 변화의 파도를 우리가 이길 수는 없다. 그러나 서핑을 할 때 거대한 파도에 몸을 맡기고 흐름을 타듯이 기후변화라는 대자연의 흐름에서 살아남기 위해서도 변화에 적응하고 흐름을 타야 한다.[3]

기후변화에 적응하는 것은 기후변화로 인한 피해는 최소화하고 기회는 최대화하는 것이다. 피해를 최소화하는 우선적인 방안은 기후변화 위험관

---

3) 기후변화 대응을 위한 과학기술 정책, 과학기술정책 제211호, 이일수.

기술 개발

기후변화 과학	기후변화 적응	온실가스 감축	온실가스 대응
·기상예측 능력 향상 ·영향 분석 및 　예측 능력 향상 ·기상장비개발 ·기후시나리오 개발	·산업계 기후적응 　능력 향상 ·적응대책수립 ·위험관리 체계 설정 ·지속 가능 자연 관리 ·취약성 지도 관리	·국가 감축 목표 설정 ·분야별 목표 재설정 ·탄소거래제도 ·감축 기술 혁신	·화석연료 대체 기술 ·에너지 소비 　효율화 기술 ·온실가스 처리 기술 ·탄소 자원화 기술

그림 2–1 **기후변화 대응을 위한 기술 개발 분야**　　　출처: 이일수, 기후변화 대응을 위한 과학기술 정책

리 체계를 마련하는 것이다. 과학적으로 체계를 마련해 앞에서 말한 기후변화 과학기술에서 얻은 기후변화 정보를 더 잘 제공하는 것이다. 정보를 제공하는 것에 그치지 않고, 기후변화 취약성 평가 측면에서 기후변화에 선제적으로 대비하고 대응할 수 있는 시스템을 마련해야 한다. 그래야 더 건실한 사회를 만든다. 그뿐만 아니라 인간에게 미치는 피해를 최소화하는 것을 넘어 생태계와 환경 교란에 대비해 지속 가능하도록 자연을 관리하고 그 피해를 복구하는 데까지 나아가야 한다.

위기는 곧 기회이기도 하다. 따라서 기후변화 위기를 기회로 활용하기 위해서는 기초 역량을 높일 수 있도록 경쟁력 강화에 힘써야 한다. 그리고 적응한 뒤에는 지구를 보호하려는 노력을 기울여야 한다. 그리고 사회, 자연, 산업 전반에 걸쳐 기후변화 적응의 이슈도 살펴야 할 것이다. 사회의 농업, 도시, 보건, 재해, 산업의 정보, 에너지, 수송 그리고 자연의 자원, 생태, 기상 등 모든 분야에서 국가와 기업이 유기적으로 움직여야 한다.

기후변화는 이 모든 분야에서 새로운 차원의 전쟁을 유발할 것이다. 많은 전문가는 발생 가능성이 있는 전쟁들 가운데 자원 전쟁은 이미 발발했다고 분석한다. 더욱이 중국, 인도 등 거대 개도국들의 높은 경제성장과 에너지 수요 증가가 장기적으로 지속될 것으로 예상되면서 석유자원의 확보를 위

한 총력전이 앞으로 더 한층 가열될 전망이다.[4]

기후변화로 야기되는 각 분야에서 전쟁의 최후 승자는 기술선진국이 될 것이다. 현재 이 모든 분야에 대응하는 기술은 도전할 가치가 있다. 아직까지 확실하게 기술을 점유한 국가가 없기 때문에 우리나라도 이 분야에서 선진국이 될 수 있다. 따라서 적극적으로 대응기술 개발 계획을 수립해 블루오션을 선점하는 기술을 개발해야 한다. 그러한 기술에는 여러 가지가 있다. 화석연료를 대체할 수 있는 새로운 에너지원을 개발하는 기술, 개발된 에너지 및 기존 에너지를 효율적으로 사용하도록 하는 기술, 에너지를 만들기 위해 발생하는 온실가스를 처리하는 기술, 발생한 온실가스의 탄소를 새로운 자원으로 만들어내는 기술 등이 여기에 해당된다.

지금 우리에게 필요한 건 기술 패러다임의 전환

국가 차원이나 전 세계 차원에서 기후변화에 적극적으로 적응하고 대응하는 관련 기술을 개발해야 한다는 사실은 여러 차례에 걸친 범세계적인 협정들에서 명시하고 있다. 따라서 기후변화를 과학적으로 증명하고 모든 생명체가 적응할 수 있도록 설정한 온실가스 감축 목표를 달성하기 위해서는 기후변화 대응 정책과 탄소저감 기술들을 개발해야 한다. 그러나 우리나라가 설정한 'BAU 대비 37퍼센트 감축이라는 목표'[5] 를 달성하기가 쉽지는 않다고 판단된다. 기후변화 대응기술에서도 아직 풀어야 할 난제가 많기 때문이다. 그럼에도 불구하고 해결책은 혁신적인 기술 개발이다.

지구의 온도가 높아지고 있는 상황에서 지구인으로서 맡은 역할의 무게가 점점 커져가고 있는 시점이다. 우리나라는 개도국이 아니다. 이제는 선진국 진입을 눈앞에 두고 있는 경제 대국으로서의 역할도 점점 커지고 있다. 국제사회에서 역할뿐만 아니라 지구를 살리는 일에 대한 역할과 책임도 커지고 있는 것이다. 국가 차원에서는 세계시장에서 기술을 선점하기 위한 생

4) 신성철, 에너지·환경위기에 대한 도전, 대한민국과학기술연차대회, 2007. 7.
5) 이상준, 우리나라 Post-2020 온실가스 감축목표 평가와 시사점, Energy focus, 2015 겨울호.

존을 건 개발이 필요한 시기이다. 그 방법에 있어서도 더 이상 개별, 경쟁이 아니라 협력과 융합이라는 패러다임의 추구를 고려해야 한다. 딥러닝과 기후변화 예측과 같은 기술의 연계, 융합, 정부 부처 간의 협력과 융합, 대기업과 중소기업, 전문가 간에도 융합과 상생의 패러다임이 필요하다.

- **기후변화에 따른 기술 패러다임 전환의 '의미'** : 기후변화가 현실이 돼버린 지금, 기후변화를 체계적이고 과학적으로 증명하고 그 문제점과 원인을 과학적인 이해를 통해 분석하려는 노력이 이어지고 있다. 따라서 다가올 미래를 예측하고 대응하는 일의 중요성이 갈수록 부각되고 있다.

- **기후변화에 따른 기술 패러다임 전환의 '한계'** : 전 세계적으로 기술 경쟁이 심화되는 시대이지만, 기후변화 대응기술은 아직까지 초기 단계에 그치고 있다.

- **기후변화에 따른 기술 패러다임 전환의 '전망'** : 가까운 미래에는 협력과 융합이라는 패러다임의 추구를 통한 기술(4차 산업혁명, ICT 기술 등)의 융합, 전문가 간의 융합 및 협력이 이뤄져 비약적인 기술 발전이 있을 전망이다.

에너지 기술의 목적, 이제는 인류 생존

과거 20년 전 우리나라의 에너지 정책을 돌이켜보면, 가장 중요한 키워드는 에너지 안보였다. 1960년대부터 경제 개발에 박차를 가하면서 가장 필요한 것이 에너지였고, 그 가운데 가장 중요했던 것은 당연히 전력이었다. '어떻게 전력을 안정적으로 공급해서 우리나라 산업을 발전시킬 것인가'가 초미의 관심사였다. 그리고 석유로 넘어가서는 '어떻게 석유를 안전하게 공급할까?'가 주요 관심 주제였다. 다원화 시대에 들어서면서는 '어떻게 국민들에게 가스를 안전하고 원활하게 그리고 좀 더 싼값에 공급할 수 있을까?'가 고민이었다. '그러기 위해서는 어떤 인프라를 어떻게 구축해야 할까?'라는 문제를 고심했다. 끝내는 어마어마한 노력을 기울여 성공적으로 에너지를 안정적으로 공급했으며, 그것이 우리의 경제 성장에 큰 밑거름이 됐다.

그러나 현재 상황에서 과연 에너지 안보와 안정적 확보가 과거처럼 중요한 가치일까? 아마 아닐 것이다. 에너지 안보의 중요성이 없어진 것은 아니지만, 그 시급성과 이에 대한 우리의 조급함, 긴박함이 많이 줄어들었으며 인프라도 구축됐고, 세계시장도 안정되었기에 예전만큼 중요한 가치가 아니라고 볼 수 있다.

그렇다면 지금의 키워드는 무엇일까? 국내외 에너지 시장과 정책의 흐름을 보면, 기후변화에 관한 대응이 핵심을 이룬다는 것을 알 수 있다. 우리가 마주한 기후변화라는 상황에 어떻게 적응하고 능동적으로 행동하는지가 앞으로 우리의 과제이고 현실이다. 과거에는 에너지 기술의 목적이 인류의 번영이었으나, 이제는 인류의 생존문제가 됐다.

지금, 세계 에너지 시장은 급변하고 있다

인류 역사에서 본격적인 산업화가 이루어진 시기는 18세기 후반부터였다. 그 뒤 현재까지 250여 년에 걸쳐 몇 차례 산업혁명이 더 일어났다. 그리고 지금 우리는 언론과 뉴스를 통해 4차 산업혁명의 시대에 들어갔다는 소식을 흔하게 듣고 있다.

그런데 여러 번에 걸친 산업혁명을 나누는 기준이 바로 에너지 기술과 시장의 발달과 밀접한 관련이 있다는 사실은 많이들 모르고 있다. 한번 간단히 짚어보자. 18세기에 석탄을 사용해 증기기관을 상용화하기 시작하면서, 매뉴얼에 따라 수동으로 하던 일들에 동력화가 이뤄졌다. 이것이 1차 산업혁명이었다.

그때부터 100여 년 뒤 1870년대에는 산업현장에서 증기기관으로 하던 일들을 편하게 전력을 써서 할 수 있게 됐다. 가정에서도 마찬가지였다. 20세기 후반에 들어서면서는 석유 화학이 크게 발달해 본격적인 석유 산업의 시대가 펼쳐졌다. 그렇다면 4차 산업이 시작되고 있는 지금의 에너지는 무엇일까. 그것은 바로 신재생 에너지이다. 몇 차례에 걸친 석유 파동과 여러 변화 때문에 에너지의 다변화가 이루어졌고, 불과 몇 년도 안 되는 시기 동안 신재생 에너지가 많이 발달해 주된 역할을 맡고 있다.

앞으로 십년 동안 얼마나 많은 변화가 일어날지 아무도 정확히 예상할 수는 없다. 그런데 돌이켜보면 과거 250년보다 지난 15년 동안 훨씬 더 큰 변화가 일어났다. 그리고 앞으로 15년은 그보다도 훨씬 더 크고 빠른 변화의 바람이 불 것이다. 따라서 국내외의 에너지 시장이 어떻게 흘러가고 있으며, 앞으로는 어떻게 흘러가고 있는지 그 동향을 살펴볼 필요가 있다.

국제에너지기구IEA, International Energy Agency에 따르면, 2040년 세계가 석유와 석탄에 의존하는 비중은 5퍼센트가량 대폭 줄어들어 각각 26퍼센트와 24퍼센트를 차지하게 될 것이라고 한다. 반면에 가스, 원자력 그리고 신재생 에너지는 소폭 증가하리라 예상한다. 그 가운데에서도 신재생 에너지의 증가율이 6퍼센트로 가장 클 것으로 보인다.[6] 결국 앞으로 화석연료인 석유, 석탄은 대폭 줄어들면서, 저탄소 에너지원인 신재생 에너지는 크게 늘어나고 상

---

6) IEA(International Energy Agency), World Energy Outlook, 2014.

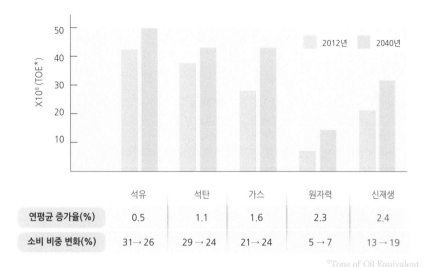

	석유	석탄	가스	원자력	신재생
연평균 증가율(%)	0.5	1.1	1.6	2.3	2.4
소비 비중 변화(%)	31→26	29→24	21→24	5→7	13→19

*Tons of Oil Equivalent

그림 2-2 세계 장기 에너지 수요 전망   출처: IEA(International Energy Agency), 2014

대적으로 저탄소원인 가스가 소폭 증가할 것으로 예상된다는 뜻이다.

세계의 변동 추이와 우리나라의 에너지 기본계획을 비교해보자. 우리나라는 다른 나라에 비해 화석연료에 대한 의존도가 높다. 그리고 원자력을 점차 줄여가는 많은 선진국과 달리 그 비율을 더 높게 유지하려는 상황이다. 이는 우리나라가 신재생 에너지의 잠재성이 아직은 원자력과 석탄에 비해서 부족하다는 인식에서 비롯됐다. 또한 신재생 에너지의 투자 대비 효율이 적다는 근시안적인 생각 때문에 원자력과 석탄에 더욱 의존하고 있는 실정이다.

그런데 이렇게 우리나라의 에너지 기본 계획을 세계에너지 시장 변화의 맥락과 비교해보면 가장 염려 되는 점이 있다. '석탄에 대한 의존도를 줄이지 않고 정부가 국제적으로 약속한 이산화탄소 저감 목표를 달성할 수 있을지'가 바로 그것이다. 단도직입적으로 말하자면, 아주 불가능하지는 않겠지만 크게 염려스러운 점이 없지 않다. 이것이 바로 우리나라가 처해 있는 상황이며, 가장 큰 에너지 이슈의 현 주소인 것이다.

전력시장의 불안정이 신재생 에너지 산업까지 위험하게 만든다

우리의 이런 현실은 전력시장 불안정에서 시작됐다. 신산업의 대부분은 전력과 연관이 있는데, 우리나라의 전력시장이 과연 안정화돼 있는가 하는 문제부터 살펴야 한다. 전력시장의 안정화 문제는 계통한계가격SMP, System Marginal Price [7]은 큰 폭으로 하락한 반면, 정산단가[8]의 변화 폭은 크지 않기 때문에 발생한다그림 2-3. [9] 계통한계가격의 경우 최근 예비력이 증가하고, 가스 및 석탄 도입가격의 하락으로 연료비가 떨어져 매년 큰 폭으로 하락하고 있다. 2015년에는 무려 28.5퍼센트가 감소했으며그림 2-4, 전력거래소의 발표에 따르면 2016년에 들어서는 평균 SMP가 76.1원/kWh으로 더 감소했다그림 2-4. [10] 반면 발전소에 배출권거래제에 대한 의무가 확대되고 안전관리, 주변 지역 지원비 및 발전연료 세율에 따른 지출이 증가하면서 발전연료 단가의 감소에도 불구하고 정산단가의 변화 폭은 크지 않았다. 바로 이런 이유 때문에 전력시장의 안정화 문제는 비단 전력 발전소만의 것이 아니라는 점이 문제를 더욱 심화시키고 있다.

전력시장의 공급 가격 및 시장 안정성은 기존의 에너지, 즉 석탄, 석유, 화력, 수력, 원자력 등이 결정하고 있다. 만일 기존 에너지원 시장이 대내외적인 요인으로 흔들릴 경우, 아직은 주요 에너지 공급체계로 자리 잡지 못한 신재생 에너지는 자연스럽게 영향을 받을 수밖에 없다. 예를 들어 기존 에너지원으로 생산한 에너지의 공급가격이 급락할 경우, 신재생 에너지원으로 공급하는 에너지도 시장 논리에 따라 경쟁력 확보를 위해 가격을 낮출 수밖에 없다. 아직까지 신재생 에너지는 기존 에너지원에 비해 설비단가 및 유지관리 비용이 높기 때문에 이러한 가격 급락 현상은 신재생 에너지 시장에 큰 타격을 줄 수밖에 없다. 이런 이유로 전력시장의 불안정은 기후변화에 대응하기 위해 주목받고 있는 신재생 에너지 산업까지 위험하게 만들고 있다.

---

7) 거래시간별로 일반발전기의 전력량에 적용하는 전력시장가격(원/kWh).
8) 정산 계약을 위하여 계약 단가를 산정하기 위한 기초 자료로서 계산된 원가.
9) 전력거래소(KPX), 연간 및 12월 전력시장 운영실적(게시용), 2012~2015.
10) 전력거래소(KPX), 연간 및 12월 전력시장 운영실적(게시용), 2016.

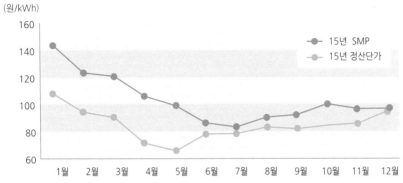

그림 2-3 2015년 계통한계가격 및 정산단가 변화 추이 출처: 전력거래소(Korea Power Exchange, KPX), 2016

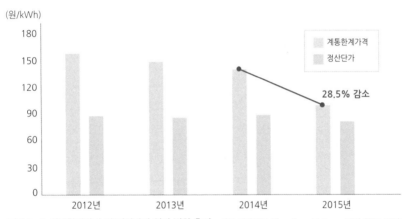

그림 2-4 계통한계가격 및 정산단가 연간 변화 추이 출처: 전력거래소(Korea Power Exchange, KPX), (2012~2015)

또한 최근 국내에 많이 지은 액화천연가스LNG, Liquefied Natural Gas 복합화력 발전소의 수익성을 악화되고 있다. 전력시장의 불안정은 과도기적이거나 일시적 현상이 아니라 지속적인 추세이다. 이런 점이 중장기적으로 수급안 정의 위험요인이라고 판단되므로 중장기 안정화 방안이 마련되지 않을 경 우, 기후변화에 대응하는 일은 불가능할 것이다.

기후변화 대응형 전원, 신재생 에너지 산업 육성해야

　그렇다면 불과 몇 년 사이에 심각해진 이런 문제들을 해결할 수 있는 방안은 없는 것일까? 많은 전문가가 불가능하지는 않다고 했던 것처럼, 좀 더 나은 현실을 만들기 위해 여러 정책과 기술을 활발하게 논의하고 개발 중에 있다. 이러한 큰 이슈들 가운데 하나가 바로 기후변화 대응형 전원電源 구성이다.

　본래 전원을 구성하기 위해서는 크게 세 가지를 고려한다. 첫째, 연료 공급 및 가격 위험이 낮은 전원을 확대하기 위해 안정성 측면을 고려한다. 둘째, 저비용 전원을 확대하기 위해 경제성 측면을 고려한다. 가장 대표할 만한 경제적인 발전원으로 원자력이 있다. 마지막으로 기저 설비 확충 여부를 결정하기 위해 전력부하를 고려한다. 그런데 기후변화 대응형 전원은 여기에 하나를 더 추가한다. 온실가스를 적게 배출하는 전원을 확대하기 위해 기후변화 대응 측면을 고려해 적정 전원을 구성하는 것이다.

　이런 기후변화 대응형 전원의 대표적인 예가 바로 신재생 에너지이다. 신재생 에너지는 유럽의 재정위기 이후 규모가 위축됐다가 Post-2020 체제에 따라 최근에 급성장했다. 앞으로는 파리기후협정의 타결로 선진국에 국한했던 신재생 에너지가 개도국까지 확산되는 계기가 될 것이다. 따라서 세계 신재생 에너지 시장의 성장세는 상당 시간 지속할 전망이다.[11] 그에 비해 우리나라의 공급량 및 시장 규모는 열위에 있다. 우리나라가 상대적으로 신재생 에너지의 국가 경쟁력이 약한 가장 큰 이유는 전력 생산과 소비 간 불일치가 높아 전력망에 많은 부담을 주고 있기 때문이다. 현 수준으로는 원금회수에 긴 시간이 걸리거나, 유지·보수 등 운영비용의 회수가 불가능하다고 판단한 기업은 손을 벌고 나가기에 이르렀다. 또한 산림훼손, 소음공해, 어족자원 피해, 산사태 등의 우려로 주민들이 반대해 업계와 갈등이 증폭되고 있는 것도 원인 중 하나이다.

　따라서 신재생 에너지 산업을 육성하기 위해서는 그 방안을 전폭적으로

---

11) 해외경제연구소, 세계 신재생 에너지 산업 전망 및 이슈, 2016. 1. 20.

(단위:GW)

그림 2-5 **세계 신재생 에너지 시장 규모**　　　　출처: New Energy Finance, 한국수출입은행

수정할 필요가 있다. 첫째, 보급목표를 재점검해야 한다. 공급 가능량 및 가능 지역을 전면적으로 재검토해야 한다. 그리고 보급지도를 작성해 체계적으로 관리하고 의무공급비율 및 원별 가중치를 재점검해야 한다. 둘째, 인프라 확충 및 규제 개선을 해야 한다. 인프라 확충을 위해서는 정부에서 금융 지원 등을 확충해 공급 기반을 확충하고, 민간에서는 투자를 통해 기술 개발을 해야 할 것이다. 또한 업계와 갈등을 빚는 입지 규제, 환경 규제 등을 적극적으로 해결해야 할 것이다. 셋째, 정부 지원 체계를 전면적으로 개선해야 한다. 초기 투자를 지원해준 뒤 성과에 비례해 추후 지원을 해주는 사후 관리를 강화해야 한다. 또 해외 진출을 지원하거나 상생 협력할 수 있는 산업 생태계를 조성하는 등 민간 투자 촉진 정책으로 전환해야 할 것이다. 넷째, 연구개발R&D 등의 시장기반을 조성해야 한다.

기후변화 대응 및 에너지 문제의 해결사, '에너지 신산업'

　에너지 분야의 심각해진 문제 해결을 위해 적정 전원 구성뿐 아니라 다양한 분야의 신기술과의 융합을 통한 신산업 구축으로 해결 방안을 모색하고 있다. 이렇게 기후변화에 대응하고 미래 에너지를 개발해 미래의 에너지 안보, 수요 관리 등 에너지 분야의 주요 현안들을 효과적으로 해결하기 위한

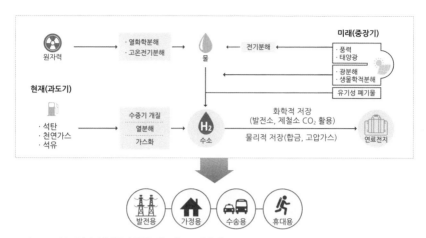

그림 2-6 연료전지 신산업의 종합 시스템 구조(예시)

문제 해결형 산업을 '에너지 신산업'이라고 한다. 기존 산업이 대기업 위주인 것과는 다르게 에너지 신산업은 중소기업 등 민간 위주로 진행되고 있으며, 소규모 네트워크를 구성하고 있다. 또한 기존 산업이 공급 관리 중심이었다면, 에너지 신산업은 수요와 공급을 통합해 관리하는 다수 산업의 융합형 모델이다. 주요 모델로는 수요자원 거래 시장, 에너지 자립성, 전기자동차, 제로 에너지 빌딩 등이 있다.[12]

이런 에너지 신산업은 다양한 모델을 앞세워서 전력시장 전체를 바꿔놓고 있다고 봐도 무방하다. 그런데 이런 산업 모델의 가장 큰 특징이 있다. 하나의 기술만 가지고 성공할 수 있는 게 아니라는 점이다. 여러 기술을 하나의 시스템, 하나의 종합된 패키지로 만들지 않으면 앞으로 경쟁력이 없게 된다. 기업의 처지에서는 특화한 장치에 집중하는 편이 더 이익이 크다. 하지만 더 큰 범주에서 미래를 보면 종합이 되는 새로운 솔루션의 프로그램이 없으면 국제적인 경쟁력을 확보할 수 없게 될 것이다.

이러한 종합 시스템에 대한 간단한 예는 연료전지를 보면 알 수 있다그림 2-6. 많은 기업과 학계는 연료전지 기술 개발을 하면서 연료전지의 효율, 수

12) 김희집, 에너지 신산업 육성 방안, 2015. 6.

소 저장과 같은 개별적인 기술 개발에 초점을 맞춰 연구를 진행하고 있다. 그러나 연료전지의 경쟁력을 확보하기 위해서는 수소를 만드는 단계부터 저장 및 활용 단계까지 전체를 시스템으로 활용이 가능해야 한다. 따라서 화석연료, 원자력 그리고 장기적으로 대체 에너지를 통하여 수소를 만드는 기술, 수소를 화학적, 물리적으로 저장해 연료전지를 제작하는 기술, 발전용, 가정용, 수송용 그리고 휴대용으로 고효율의 연료전지를 활용하는 기술을 패키지 형태로 개발해야 한다.

따라서 종합 시스템을 구축해야 하는 에너지 신산업의 성공을 위해서는 에너지 시스템 및 산업구조의 변화가 필요하다. 에너지의 각 부문 간 장벽을 완화해야 할 것이며, 경쟁적 시장 환경을 조성해야 한다. 또한 시스템 및 구조 변화를 기반으로 하는 장기 과제로 삼아 일관성 있는 정책을 추진해서 투자의 불확실성을 해소해야 한다. 장기 과제의 경우, 정책 리스크가 큰 변수로 작용하기 때문이다. 또한 기업의 투자 위험을 완화시키기 위한 실효성이 있는 법적, 제도적 지원 방안을 마련해야 한다. 그뿐만 아니라 공공 부문까지 다뤄야 하는 종합 시스템의 특성상 공기업이 선도적인 역할을 해서 민간과의 유기적인 협업 생태계를 조성할 필요가 있다.[13]

- **신재생 에너지 기술 발전의 '의의'** : 신재생 에너지와 같은 저탄소 에너지에 대한 관심과 기술 개발이 이뤄지면서 에너지의 고갈은 물론이고, 신기후체제하의 온실가스 저감 대책에도 선제적으로 대응할 수 있었다.
- **신재생 에너지 기술 발전의 '한계'** : 그럼에도 현존하는 에너지 정책 및 기술은 가격 등과 같은 현실적인 부분에서 다수의 한계점을 보이고 있고, 시작 단계에 불과한 기술 수준들 때문에 지속적인 발전이 필요하다.
- **신재생 에너지 기술 발전의 '전망'** : 에너지 중요성이 커짐에 따라 이제 에너지는 재화와 같은 역할을 하게 될 것이다. 따라서 새로운 체제에서는 한계점을 극복하기 위해 체계적인 모델 구축과 공공 부문의 선도적인 역할을 통한 유기적인 협업 생태계 조성이 필요할 것이다.

---

13) 김진우, 기후변화 대응 국내외 에너지시장 및 주요 정책 동향, GIST 기후변화 아카데미, 2016. 5. 25.

신기후체제에서 '푸른 황금'이 된 물

'든 자리는 몰라도 난 자리는 안다'는 말이 있다. 제 아무리 중요한 것일지라도 항상 가까이에 있으면 그 소중함이 무뎌져서, 곁에서 사라진 뒤에야 다시금 깨닫게 된다는 뜻이다. 지금 인류는 이 말에 딱 들어맞는 상황에 처해있다. 우리가 알고 있던 모든 것이 점점 사라지고 있다. 화석연료는 고갈되고 있으며 우리를 숨 쉬게 하는 공기는 시간이 갈수록 탁해지고 있다. 심지어 무한하다고 믿었던 물조차 말라가면서 수많은 사람들을 고통스럽게 하고 있다.

세계자원기관World Resources Institute은 2013년 보고에서 중국, 미국 등의 주요 국가 물 압박 지수water stress가 '비교적 높음' 단계에 이르고 있다고 발표했다. 우리나라의 경우는 '높음' 단계를 기록하고 있다. [14] '높음' 수준의 물 압박 지수는 농업, 가정 그리고 산업용수에 쓰이는 수자원의 양이 매년 40에서 80퍼센트씩 감소하고 있다는 것을 의미한다. 만일 이와 같은 추세가 계속될 경

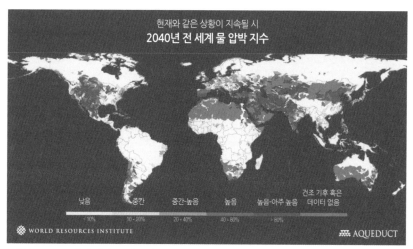

그림 2-7 2040년 전 세계 물 압박 지수   출처: World Resources Institute, 2013

---

14) World Resources Institute, 2013.

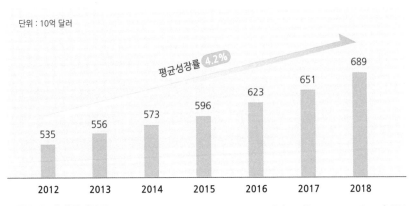

단위 : 10억 달러

평균성장률 4.2%

689

651

623

596

573

556

535

2012 2013 2014 2015 2016 2017 2018

그림 2-8 세계 물시장 규모　　　　　　　　　　출처: GWI(Global Water Intelligence), 2014

우, 2040년에는 남한 일부가 '매우 높음' 수준의 물 압박을 받을 것이라고 세계자원기관은 추가로 보고하고 있다. 무엇이 이런 상황을 초래한 것일까. 인류 생존에 필수적인 수자원의 현주소와 이를 대처하기 위한 국내외의 노력을 알아보도록 하자.

왜 물이 '푸른 황금'인가

　2008년 미국의 영화감독 샘 보조Sam Bozzo는 '푸른 황금 : 세계 물 전쟁Blue gold:World water wars'이란 제목의 다큐멘터리 영화[15]를 제작했다. 이 영화는 하루가 다르게 고갈되는 수자원 문제를 해결하기 위한 각국의 정책적 노력 등을 다뤘다. 그리고 미래의 전쟁은 물을 쟁취하기 위한 형태가 될 것이라는 다소 충격적인 메시지를 던졌다.

　영화에 등장하는 푸른 황금이란 사람들이 마시고 사용할 수 있는 담수를 뜻한다. 과거 오일쇼크 시대에 석유를 가리켰던 검은 황금Black gold에 빗대 물의 가치를 표현한 것으로, 현재 전 세계의 물 부족상황이 어느 수준까지 이르렀는지 상징적으로 나타내는 비유이다.

---

15) Sam Bozzo, Blue gold:World water wars, 2008.

표 2-1 총 급수량 기준 주요국가 1일 1인당 물 사용량 （단위 : 리터）

구분	한국	스페인	스위스	일본	이탈리아	중국	노르웨이	미국
1인당	333	176	288	320	322	366	397	455
한국 대비	1	0.53	0.86	0.96	0.97	1.10	1.19	1.37

출처: 물환경 정보 시스템

이러한 상황과 맞물려 전 세계 물산업 시장의 규모는 날이 갈수록 커지고 있다. 2012년 5,350억 달러 규모이던 전 세계 물산업 시장 규모는 매해 평균 4.2퍼센트씩 가파르게 성장해 2018년에는 6,890억 달러 규모로 성장할 것으로 전망하고 있다. [16] 이는 한화 830조에 달하는 수치로 대한민국 1년 예산의 2배를 뛰어넘는 수치이다. 일상의 당연한 일부분으로 인식하던 물이 이젠 훌륭한 사업 파트너로 변모한 셈이다.

이렇게 물이 경제성을 갖춘 재원이 된 배경은 두말할 필요 없이 고갈돼가는 수자원의 양에 있다. 특히나 1990년대 이후 심화되고 있는 세계 각국의 기후변화 현상은 수자원 고갈 현상을 가중시키고 있다. 이로 인해 우리나라와 같이 천연 수자원이 한정된 나라는 더 큰 곤란을 겪고 있다.

흔히들 우리나라가 소위 '물 부족 국가'로 지정된 것은 물을 낭비하는 시민들의 낮은 시민의식 때문이라고 이야기한다. 하지만 이것은 사실 큰 오해이다. 우리나라의 1인당 하루 물 공급량은 1997년 이후 지속적으로 하락하고 있으며, 2010년 기준 국민 1인당 333리터 수준의 물을 공급받는 것으로 집계하고 있다. 우리나라 전체 수돗물 공급량을 국민 숫자로 나눈 표준 공급량이 346리터2006년 기준임을 감안할 때, 우리나라 국민들은 이미 충분히 물을 아껴 쓰고 있다. [17] 그뿐만 아니라 이 수치는 표 2-1에서 볼 수 있듯이 여타 선진국들과 비교했을 때도 낮거나 비슷한 수치이다.

그렇다면 왜 물이 부족하다고 아우성인 것일까? 그 원인은 우리나라의 천연 수자원 자체가 적은 데 있다. 우리나라의 1인당 사용 가능 수자원 양은 세계 130위 수준으로 매우 낮은 편이다. 수자원이 비교적 풍부한 다른 나라의

---

16) GWI(Global Water Intelligence), 2014.
17) 환경부 물환경 정보 시스템, water.nier.go.kr, 알기 쉬운 물환경, 지식관.

사례를 굳이 찾아보지 않더라도 우리나라의 천연 수자원 양이 현저히 낮은 수준이란 것을 누구나 알 수 있는 대목이다.

이제는 수자원을 발굴하고 물산업에 투자 해야

우리나라가 지닌 천연 수자원 양이 적긴 하지만, 그렇다고 다른 나라들의 상황이 더 나은 것은 아니다. 2012년에 발간한 IPCC 특별 보고서는 비정상적으로 더운 날씨와 비정상적으로 큰 호우의 주기가 점점 짧아질 것이라고 분석하고 있다. 보고서는 기록적인 폭우의 빈도가 전 세계적으로는 기존 20년에서 5년에서 15년으로 짧아질 것이라 예측하고 있다. 이는 기존 재난 및 공중 시스템의 전면적인 개선은 물론 기타 수자원 관리에도 큰 영향을 미칠 것으로 보인다. 폭염의 경우는 더욱 극적으로 그 주기가 짧아지는데, 보고서는 기록적인 폭염의 주기가 기존 20년에서 2년에서 5년으로 줄어들 것으로 예측[18]했다. 만일 이와 같은 상황이 실제로 발생할 경우 각 국가는 기존에 수자원을 관리하던 방식을 버리고 새로운 수자원 긴축체제에 돌입할 수밖에 없을 것이다.

요컨대, 물을 절약하는 것만으로는 기후변화체제에 대응하기 어렵다는 얘기다. 단순히 수자원을 아끼는 '수동적인' 대처에서 새로운 수자원을 발굴하는 '능동적인' 대처가 필요한 실정이다. 바야흐로 전 세계적인 블루 골드 러쉬Blue gold rush가 시작된 것이다.

근본적으로 빈약한 천연 수자원을 보유하고 있다는 기본 배경에 기후변화 체제까지 더해져, 우리나라의 물산업에 대한 투자는 이제는 선택이 아닌 필수가 됐다. 이러한 맥락에서 2015년과 2016년 전라도와 충청도를 강타한 기록적인 가뭄은 상당히 시의적인 사건이다. 전라남도 보성군의 경우 소방급수차까지 동원해 해갈 지원에 나섰으나, 상황이 나아질 기미를 보이지 않

---

18) The IPCC special report on managing the risks of extreme events and disasters to advance climate change adaptation, 2012.

아 결국 긴급 T/F팀을 꾸리는 사태까지 치닫게 됐다. [19]

가뭄이라는 자연재해가 단순히 농업하고만 연관된 것은 결코 아니다. 저수지 등에 저장된 물은 식수는 물론 각종 산업용수 사용 목적도 있다. 따라서 원활한 수자원 공급이 이뤄지지 않으면 곧 각종 산업계에 막대한 피해를 입히게 되는 결과를 초래하게 된다. 결국 2016년 대구에서 착공을 시작한 한국 물산업 클러스터 조성사업과 같은 물산업 인프라 구축은 단순한 이윤창출 목적이 아닌 생존의 의미까지 갖게 된 것이다.

4차 산업혁명 시대에 발맞춘 미래형 물산업 육성 방안

그렇다면 이런 상황에서 우리나라가 취할 수 있는 선택은 무엇일까? 정부는 무한한 수자원을 품고 있는 바닷물에서 수자원을 생산하는 방법에 주목하고 있다. 2017년 1월, 국토교통부는 7대 신산업 육성 방안 발표에 해수담수화 기술을 포함했다. [20] 스마트시티, 자율주행차, 드론 등과 같이 4차 산업혁명 시대를 주도할 신기술들과 어깨를 나란히 한 셈인데, 그만큼 해수담수화 기술의 중요성을 높이 평가한 것으로 해석할 수 있다.

국토교통부는 국내 해수담수화 시장을 넓힘과 동시에 집중적인 연구개발 R&D로 중동 시장 진출에 대한 교두보를 마련하겠다는 야심찬 포부도 밝혔다. 이것은 앞서 언급한 바와 같이 푸른 황금이 되고 있는 물을 수익 창출을 위한 주요 자원으로 적극 활용하겠다는 의지로 볼 수 있을 것이다.

특히 지난 2016년 대구에서 착공을 시작한 한국 물산업 클러스터의 등장은 물산업에 대한 정부의 포부를 더욱 자세히 알 수 있는 대목이다. 한국 물산업 클러스터는 국내외 참여기업의 물산업 관련 연구를 지원한 뒤, 우수한 연구결과는 사업화를 진행하는 것을 기본 목표로 삼고 있다. 우리 정부는 이렇게 개발된 물산업 기술들을 기반으로 동아시아 물산업의 허브Hub가 되겠다는 야심찬 목표를 갖고 있다. 건설비용만 2,600억 원이 소모될 예정인 이

---

19) "보성 고흥 119, 가뭄지역 급수지원", 소방방재신문, 2016. 8. 21.
20) "[부처 업무보고-튼튼한 경제]정부, 재정 조기집행·신산업 육성으로 경제 기틀 다진다", 전자신문, 2017. 1. 5.

대공사는 2018년 말 완공을 목표로 현재 빠른 속도로 작업을 진행하고 있다.

한국 물산업 클러스터 착공을 시작으로 우리 정부는 미래형 물산업에 대한 본격적인 준비를 시작할 것으로 전망된다. 4차 산업혁명 시대에 발맞춰 우리 정부는 미래형 물산업에 '자동화', '정보화' 그리고 '지능화' 세 가지 키워드를 적용, 기존 국내 수자원 인프라를 최첨단화할 예정이다. 대표적인 예로 상하수도 수처리 및 환경 감시업무의 자동화, 유역환경 특성기상/지질 분야 정보화 그리고 물환경 모니터링 운영 최적화 등이 있다. 이러한 기반 시설 추가 구축 계획과 한국 물산업 클러스터의 물산업 육성 방안은 미래 대한민국이 사용할 수 있는 수자원의 양을 결정짓는 데 중대한 역할을 수행할 것으로 보인다.

이제는 인류 문명이 물을 만들어내야

모두가 잘 아는 바와 같이 물은 인류 문명을 탄생시킨 1등 공신이다. 인류 4대 문명의 발상이 모두 큰 강 부근에서 이뤄진 것은 결코 우연이 아니다. 그러나 수자원을 탯줄 삼아 탄생한 인류의 문명은 이제 그 삶의 원천을 잃을 위기에 처해 있다. 뒤늦게 상황을 인지한 지구 어머니의 아들들은 이제 다시

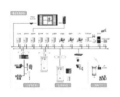

자동화

상하수도 수처리 자동화
환경감시업무의 자동화
오염저감시설 운영 자동화
...

정보화

상하수도 수질감시 자료 정보화
물환경 모니터링 자료 정보화
유역환경(기상/지질) 특성 정보화
...

지능화

상하수도 수처리 운영 최적화
물환경 모니터링 운영 최적화
상수 원수 수질관리 최적화
...

그림 2-9 4차 산업혁명 시대에 발맞춘 미래 물산업 기술발전의 방향성(예시)

7대 신산업

- 향후 5년간 공공기관 드론 3,000개 활용
- 야간·가시권 밖 비행에 대한 특별허가제 선제적 도입

드론

- 고정밀 공간정보의 개방 확대
- 데이터모델 표준 및 생산·품질기준을 마련

공간정보

- 3건 이상의 리츠를 공모·상장, 공공사업과 리츠 간 연계 확대

리츠

자율주행차

- 일반인 탑승 셔틀버스 운행(판교)
- 평창올림픽 자동차 시험운행(평창)
- 고속주행 테스트베드, 주행데이터 공유센터 구축

스마트시티

- 특화단지 구축(4개 신도시)
- 스마트시티 안전망 서비스 확산·보급(6개 지자체)

제로에너지빌딩

- 서울 노원 임대주택 실증단지 입주
- 인증제 시행, 시장형 공기업 시설 조기 의무화

해수담수화

- 대산산단 해수담수화 사업 타당성 조사
- 구미시 산단 고순도 공업용수 공급체계 사업 추진

그림 2-10 **국토교통부 7대 신산업 육성 방안**   출처: 국토교통부, 2017

자신의 어머니를 회생시키기 위해 온 노력을 기울이고 있다.

이제 세계는 큰 시험대 위에 올라 있다. 기후변화라는 거대한 장애물을 우리는 어떻게 슬기롭게 극복해나갈 수 있을까. 한 가지 확실한 것은, 물이 인류 문명을 만들어낸 것처럼 이제는 인류 문명이 물을 만들어내야 한다는 사실이다.

- **신기후체제하에서 물산업 발전의 '의의'** : 기후변화 영향으로 발생한 전 세계적인 수자원 고갈사태는, 이전에는 존재하지 않던 새로운 형태의 물산업 구조의 등장을 예고하고 있다.
- **신기후체제하에서 물산업 발전의 '한계'** : 아직까지 일반 대중은 우리나라의 수자원 고갈사태가 개개인의 높은 물 소비율 때문이라고 잘못 생각하고 있다. 개개인의 절약이 아니라 수자원 생산 구조의 근본적인 변화가 이뤄져야 한다. 신기후체제에서 기존의 안정적인 수자원 공급은 어렵다고 대중이 인식을 새롭게 해야만 진정한 변화가 이뤄질 것이다.
- **신기후체제하에서 물산업 발전의 '전망'** : 4차 산업혁명과 신기후체제 같은 시대적인 흐름에 발맞춰 정부, 공공기관 그리고 민간 기업은 새로운 형태로의 물산업 구조 개편에 온 힘을 쏟고 있다. 이러한 기조 덕분에 당분간 국내 물산업계는 큰 변혁의 시대를 맞을 것으로 예상된다.

기후변화 대응을 위해 이산화탄소를 잡아라

어느덧 봄뿐만 아니라 다른 계절에도 하늘이 뿌옇게 보이는 시대가 됐다. 뉴스에서는 미세먼지와 대기오염을 빈번하게 다루며, 이제는 날씨와 함께 미세먼지 지수도 알려준다. 공기가 뿌연 날이면 마스크를 착용한 사람들을 심심치 않게 본다. 봄에 기승하던 황사만의 문제가 아니라는 얘기다. 이런 현상의 여러 원인 가운데 하나는 국내에 있는 화력발전소, 자동차 배기가스, 산업시설 등에서 발생하는 대기오염물질이다. 여기에 편서풍을 타고 국내에 유입되는 중국 산업 활동의 증가로 발생한 대량의 미세먼지도 한 몫한다.

그림 2-11은 2016년 10월 14일 오전 서울 강동구 천호동 광진교에서 바라본 서울 도심의 사진이다.[21] 이 사진만 봐도 시정거리의 감소가 뚜렷하게 나타난다. 중요한 사실은 기후변화가 심화될수록 이러한 현상도 더 심해질 거라는 점이다.

그림 2-11 서울 광진교에서 바라본 서울 도심의 모습   출처: 머니투데이

---

21) "서울시민 56% "재난 불안"… '대기오염'이 가장 위험", 머니투데이, 2016. 10. 16.

기후변화와 대기오염은 어떤 연관이 있나

기후변화는 대기오염과 상당한 연관성이 있다. 기후변화의 주된 원인은 온실가스이지만, 이외에도 영향을 주는 요인들이 있다. 그 가운데 하나가 대기 중 에어로졸Aerosol의 증가이다. 에어로졸이란 대기 중에 부유하는 고체 또는 액체상의 작은 입자0.001~100㎛ 정도의 크기로 연무, 황산염, 질산염, 황사 입자, 해염 입자 등이 있다. 대기오염으로 인한 탄소입자를 포함한 에어로졸의 증가는 대기 중 흡수되는 태양에너지의 양을 증가시켜 기온을 상승시킨다. 혹은 탄소입자가 포함하지 않은 에어로졸은 직접적으로 태양빛을 산란시키거나, 응결핵 역할을 해서 구름 생성을 촉진한다. 이렇게 형성된 구름은 태양광의 반사도를 높여서 냉각효과를 줄 수도 있다.

반대로 기후변화 때문에 대기 중의 오염 농도가 영향을 받기도 한다. 기후변화 때문에 히터 혹은 에어컨의 사용량이 증가하면 대기오염물질 생성을 촉진한다. 또한 토양의 변화나 산불 등으로 자연적인 대기오염 생성원을 증가시키고, 대기 중 오염물질의 확산 정도와 거리에도 영향을 미친다.

성층권의 오존층 파괴로 높은 에너지를 가진 단파장의 유입량이 증대해 대기온도가 상승한다. 또한 태양광이 증가하고 온도가 높아지면, 대기오염물질인 휘발성 유기화합물VOC, Volatile Organic Compounds과 질소산화물의 반응을 촉진시킨다. 그 결과 지표 부근의 오존 생성을 증가하게 만들어 스모그 현상을 일으킨다. 상승한 대기온도는 황산과 질산을 형성하는 이산화황이

에어로졸에 의한 태양빛 산란 또는 흡수

높은 반사도

구름에 의한 태양빛 반사

그림 2-12 **에어로졸의 냉각효과와 온난효과**

출처: Goosse H., et al., Introduction to climate dynamics and climate modeling, 2008~2010

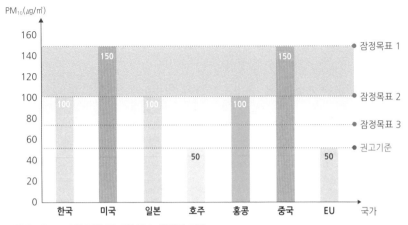

그림 2-13 WHO와 주요 국가의 PM₁₀ 일평균 기준

출처: 환경부, '바로 알면 보인다. 미세먼지, 도대체 뭘까?', 2016

나 질소산화물의 산화반응을 촉진시킨다.[22]

대기오염물질은 기후변화의 효과를 극대화하기도, 저감하기도 한다. 반대로 기후변화도 대기오염물질의 농도에 영향을 미친다. 바로 이런 이유 때문에 기후변화를 저감하기 위해선 온실가스의 저감과 함께 대기오염 물질의 제거도 필요하다.

미세먼지 피해와 정부의 저감 노력

최근 대기오염에서 가장 문제가 되는 부분은 미세먼지이다. 질 나쁜 공기로 매년 700만 명이 사망한다는 자극적인 기사가 나올 정도이다.[23] 이 수치는 물론 대기오염으로 파생되는 질병까지 포함한 값이다. 이 기사에 따르면 아시아의 상황이 특히 심각하다고 한다. 아시아는 인구밀도가 높기 때문에 동일 범위에서 인간 활동으로 발생하는 오염물질의 양이 선진국에 비해 더 많다. 또한 산업의 발달이 진행 중이기 때문에 선진국에 비해 대기오염에 대한 규제가 허술하기 때문에 대기 중에 상당량의 오염물질을 배출한다.

그렇다면 도대체 미세먼지는 무엇이고, 또 왜 이렇게 문제가 되는 것일

---

22) 장안수, 기후변화와 대기오염, 2011.
23) 세계 사망률 1위는 '대기오염', 사이언스타임즈, 2014. 6. 25.

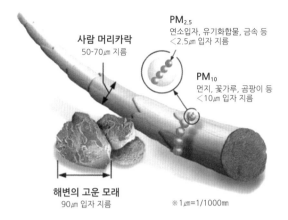

PM₂.₅
연소입자, 유기화합물, 금속 등
<2.5㎛ 입자 지름

사람 머리카락
50-70㎛ 지름

PM₁₀
먼지, 꽃가루, 곰팡이 등
<10㎛ 입자 지름

해변의 고운 모래
90㎛ 입자 지름

※ 1㎛=1/1000㎜

그림 2-14 **미세먼지 크기 비교**   출처: 미국 환경보호청(EPA, US Environmental Protection Agency)

까. 먼지는 대기 중 떠다니거나 흩날려 내려오는 입자상 물질을 말한다. 석탄·석유 등의 화석연료를 태울 때나 공장·자동차 등의 배출가스에서 많이 발생한다. 먼지의 입자 크기에 따라서 50㎛ 이하인 총 먼지TSP, Total suspended Particles와 매우 작은 미세먼지PM, Particulate Matter로 구분한다. 미세먼지는 지름이 10㎛보다 작은 미세먼지PM₁₀와 지름이 2.5㎛보다 작은 초미세먼지PM₂.₅로 나뉜다.[24]

그림 2-14는 사람 머리카락, 해변의 모래와 미세먼지의 크기를 비교한 것이다. PM₂.₅의 경우 사람 머리카락의 약 1/20 ~ 1/30에 불과할 정도로 매우 작다.[25] 미세먼지는 이처럼 작은 입경의 특성 때문에 인체 깊숙이 침투해 기관지 질환, 심혈관 질환을 일으키고, 면역력을 저하시키는 등 인체에 해를 끼친다.

미세먼지 저감을 위해 정부 차원에서 미세먼지 예·경보제, 한·중·일 환경 협력 강화, 국내 배출오염원 관리 및 연구개발 투자 확대, 미세먼지 모니터링 확대 등을 추진하고 있다. 또한 범부처 협업으로 미세먼지 대응 행동수칙을 적극 전파하는 데도 힘쓰고 있다.

24) 환경부, '바로 알면 보인다. 미세먼지, 도대체 뭘까?', 2016.
25) 24)와 같은 출처.

이 외에도 친환경 자동차의 도입으로 자동차 배출가스를 줄이고, 미세먼지 발생의 상당 부분을 차지하는 노화 경유차에 배출가스 저감장치를 부착시키는 방법 등으로 미세먼지의 배출량을 감소시키려는 노력을 하고 있다.

대표적인 기후변화 대응기술, 이산화탄소 포집 및 처리

기후변화의 주범인 이산화탄소의 포집 및 처리CCS, Carbon Capture and Sequestration 기술은 기후변화 대응을 위한 필수 기술이다. 이 기술을 이용해 경제성을 갖춘 신재생 에너지를 개발하고, 인류의 지속 가능한 발전을 감안해 화석연료를 안정적으로 사용하는 것도 가능해진다. 이산화탄소 포집 및 처리기술은 대표적인 기후변화 대응기술이다. 화력발전소, 제철소, 석유화학공장 등 화석연료를 주 에너지원으로 사용하는 시설에서 대량으로 발생하는 이산화탄소를 포집하고 이송해포집기술, 수송기술, 지하 깊은 곳에 저장하거나저장기술, 유용한 물질로 전환시켜전환기술 대기에서 격리시키는 기술이 여기에 속한다.

이산화탄소 포집기술은 CCS 기술 전체 비용의 70~80퍼센트를 차지하는 핵심 기술이다. 이 기술은 세 가지로 구분한다. 이산화탄소 포집 공정 위치 또는 분리대상 가스혼합물의 종류에 따라서 연소 후Post-combustion 포집기술, 연소 전Pre-combustion 포집기술, 순산소 연소Oxy-fuel combustion기술이 그것이다. 연소 후 포집기술은 이산화탄소를 포집해 용액 속에 흡수시키는 방법을 사용한다. 연소 전 포집기술은 석탄이나 가스를 먼저 처리해 수소와 이산화탄소를 혼합물로 변환시킨 후 이산화탄소를 분리하는 방법을 사용한다.[26] 마지막 순산소 연소기술은 공기 대신 산소로 석탄과 가스를 태워 이산화탄소를 더 쉽게 분리시킬 수 있는 농축된 이산화탄소 스트림을 만드는 기술이다.

이산화탄소의 수송은 파이프라인이나 선박을 이용해 이뤄지며, 해안에서

---

26) 이산화탄소 포집 기술은 지구온난화의 해결책이 될 수 있을까, GE리포트 코리아, 2015. 12. 29.

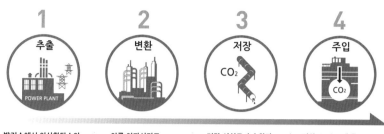

1	2	3	4
추출	변환	저장 CO_2	주입 CO_2
발전소에서 이산화탄소와 아황산가스를 다른 배출가스로부터 분리한다.	이를 여과시키고 압축한 후 액화한다.	저장 시설로 수송한다.	지하 1~4km에 묻고 밀폐시킨 후 모니터링한다.

그림 2-15　연소 후처리 이산화탄소 포집 과정

출처: GE리포트 코리아

멀리 떨어진 해양에 운송해야 할 때는 선박을 주로 이용한다.

　저장기술은 지중저장, 광물 탄산염화기술 등으로 구분한다. 지중저장이 많이 이뤄지고 있는 지층은 대염수층, 석유·가스층, 석탄층으로 장기적으로 안정적이고 높은 주입 능력, 저장 능력과 밀봉 능력을 동시에 지니고 있다.[27] 광물 탄산염화 기술은 이산화탄소를 주로 칼슘과 마그네슘 등의 금속 산화물과 화학적으로 반응시켜서 불용성 탄산염 광물 형태로 이산화탄소를 저장하는 기술이다. 그러나 이 화학반응의 특성상 반응 속도가 느리고, 많은 양의 에너지가 필요해 아직은 원활하게 사용하지는 않는 기술이다.

　전환 기술은 크게 화학적 전환과 생물학적 전환으로 구분한다.[28] 이산화탄소를 화학적으로 전환시키는 방법은 순환형 환경기술의 개념이다. 이는 대량의 이산화탄소를 전환해 고부가성 생성물을 생산하여 저탄소 녹색성장의 기술 기반이 된다. 미세조류를 이용한 생물학적 고정화법은 화학적 고정화법과는 다르게 연소가스에서 이산화탄소를 분리하지 않고 직접 적용한다. 따라서 태양에너지를 주 에너지원으로 활용하므로 이산화탄소 처리에 필요한 에너지 소모량이 적다. 그러나 미세조류의 생물학적 특성상 환경에 영향을 많이 받으며, 고정 속도가 느려 단기간에 대량을 처리하기 어렵다는 단점이 있다. 이 때문에 실제 현장에 적용하는 데 난항을 겪는 중이다. 해당

27) 전의찬, 『기후변화 27인의 전문가가 답하다』, 지오북, 2016.
28) 27)과 같은 출처.

탄소 포집 저장 프로세스 : 무엇이 다른가?

연소 전처리

사용 전 연료는 **수소**와 **탄소**의 혼합물로 바뀐다. **이산화탄소**를 추출하고 남은 **수소**는 **탄소** 배출 없이 에너지원으로 사용된다.

연소 후처리

화학 용매를 사용하여 연료 사용 후 발생되는 연기에서 이산화탄소를 포집한다. 연소 후처리는 가장 많이 사용되는 **탄소** 포집 방식이다.

순산소 연소

공기 대신 **산소**를 이용해 연료를 연소시킨다. 더 많은 양의 **이산화탄소**와 물로 구성된 연기가 발생한다. 응결을 통해 **이산화탄소**가 훨씬 더 쉽게 추출된다.

그림 2-16 탄소 포집 저장 프로세스   출처: GE리포트 코리아

기술들에 대한 자세한 내용은 '이산화탄소, 이제는 전환과 활용이다' 부분에서 다루었다.

CCS 기술 개발을 조기에 상용화하려고 전 세계가 기존 기술을 대상으로 대규모 실증과 혁신기술 개발을 추진 중이다. CCS 기술이 상용화되면 국가 온실가스 감축에 실질적으로 기여할 것으로 예상된다. 그렇게 되면 기후변화도 새로운 국면을 맞게 될 것이다.

- **이산화탄소 포집 및 처리기술의 '의의'** : 화석연료를 주 에너지원으로 사용하는 시설에서 대량으로 발생하는 이산화탄소를 대기 중에서 격리시키는 기술로 지구온난화의 주범인 이산화탄소의 대량 방출을 직접적으로 감축시킨다.
- **이산화탄소 포집 및 처리기술의 '한계'** : 이산화탄소 포집장치 설치 및 저장장소 탐색, 저장기술 실증에 따른 막대한 비용과 저장량 한계 등으로 상용화에 어려움이 있다.
- **이산화탄소 포집 및 처리기술의 '전망'** : 이산화탄소 대량 배출원에 중점을 두고, 산업공정 분야를 대상으로 이산화탄소 포집 및 처리 기술의 대규모 실증과 상용화가 예상된다. 이산화탄소 포집 및 처리 기술의 보급으로 효율적인 온실가스 감축에 실질적으로 기여할 것이다.

생물 다양성은 보존되어야 한다

기후변화가 가져온 생물 종의 다양성 변화는 우리나라라고 예외가 아니다. 인간의 무분별한 개발로 자연이 파괴돼 생물 종이 감소되었으며 기후변화로 인한 기온 상승으로 생물 종의 서식 환경이 변화되었는데, 특히 기후변화의 영향으로 생물 종의 감소가 짧은 기간에 일어나고 있다. 이러한 기후변화로 인한 생물 종의 감소는 지금까지와는 다른 양상을 띠며 일어날 것이다. 생물 다양성이 전 세계적으로 중요해지고 있는 시점에서 생물 다양성이란 무엇이고 기후변화로 인해 생물 다양성이 감소하는 현 상황에서 우리는 어떻게 적응하고 대응해나가야 하는지 알아볼 필요가 있다.

생물 다양성이란 무엇인가

생물 다양성이라는 용어는 학문적으로 짧은 역사를 가지고 있으며, 학자마다 내리는 정의에 약간씩 차이가 있다. 생물 다양성이란 말이 처음 나온 것은 1968년 다스만R. F. Dasmann이 쓴 『다른 방식의 국가A Different Kind of Country』라는 책이었다. 다스만은 자연적 다양성natural diversity이라는 용어를 써서 이 개념을 세상에 처음 선보였다. [29] 1985년에는 미국의 생물학자 로젠W. G. Rosen이 생물bio-과 다양성diversity을 조합한 생물 다양성biodiversity이라는 단어를 만들었다. 그리고 1986년에 이 말을 미국에서 열린 생물 다양성에 관한 전국 포럼National Forum on Biological Diversity에서 사용하면서 널리 퍼졌다. [30]

그렇다면 생물 다양성이란 무엇인가? 일반적으로 유전자 다양성genetic divcroity, 종 다양성species diversity 그리고 생태계 다양성ecosystem diversity을 하나로 묶어서 생물 다양성이라고 한다.

이 가운데 유전자 다양성과 생태계 다양성은 수치로 표현하기에는 어려움이 있기 때문에 종 다양성에 대한 고려가 주로 이뤄지고 있다. 학계의 연

---

29) R. F. Dasmann, Macmillan, 『A different kind of country』, Science, 164, (3880), 1969. 5. 9.
30) W. G. Rosen, National Forum on Biodiversity, 1986. 9. 21~24.

표 2-2 **지구상 생물 종의 수**

계	보고된 종 수	추정되는 종 수
박테리아	4,000	1,000,000
원생생물	80,000	600,000
동물	1,320,000	10,600,000
균	70,000	1,500,000
식물	270,000	300,000
총계	1,744,000	14,000,000

출처: Global Biodiversity Assessment, 1996

구자들은 종 다양성으로 생물 다양성을 짐작하고 있다. 전 세계적으로 학계에 보고된 종의 수는 약 170만 종이며, 전체 생물 종은 약 1,400만 종에 달할 것으로 추정한다. 국내에서 보고된 생물 종의 수는 약 4만 종이며 전체 생물 종의 수는 약 10만 종에 달할 것으로 추정한다. 학계에 보고된 생물 종들은 동물이나 식물같이 인간의 눈으로 볼 수 있는 종들이다. 눈에 잘 보이지 않는 세균과 박테리아 종류의 생물은 아직 밝혀지지 않은 종들이 많다. 표 2-2는 생물 종의 수를 정리한 것이다. 박테리아, 원생생물, 균에 속하는 생물 종은 보고된 종의 수와 추정되는 생물 종의 수 사이에 차이가 크다.

기후와 생물 종의 관계는 지역에 따라 생물 종의 다양성을 비교해보면 분명해진다. 적도 부근에 위치한 따뜻한 지역에서는 다양한 생물 종이 서식한다. 그러나 아프리카의 사막 지역, 북극 및 남극과 같이 기후가 극단적인 경우에는 생물 종이 다양하지 않다. 우리나라는 사계절이 뚜렷해 계절마다 다양한 생물이 자라지만, 전 세계를 기준으로 봤을 때 평균보다 낮은 생물 종이 분포해 있다.

생물 다양성의 중요성 : 생태계 서비스와 가치

그렇다면 최근 들어 생물 다양성이 화두가 되고 있는 이유는 무엇일까? 왜 많은 국가가 생물 다양성의 보존, 이용과 이익의 분배에 신경을 곤두세우고 있을까? 그 이유는 생물 종 가운데 균과 식물 등에서 경제적 가치를 갖는

표 2-3 지구의 역사와 인류의 역사

사건	연도
지구 탄생	45~50억 년
생명체 탄생(Anaerobic, 혐기성)	38억 년
산소호흡(Aerobic, 호기성)	30억 년
진핵생물 탄생	12억 년
다세포생물 탄생	6억 년
육상생물 탄생	4억 년
공룡 등장	2억 5천만 년
피자식물 탄생	9천만 년
인류의 조상 탄생	약 300만 년
현생 인류 탄생	약 1만 6천 년

출처 : 한국환경정책평가원, 박용하

물질을 분리할 수 있게 돼서다. 생물 다양성이 하나의 주권이 돼버린 상황이며, 국가생물주권 확보가 곧 국가의 경쟁력이 되고 말았다.

몇 가지 예시를 보면서 어떻게 생물 종의 다양성에서 경제적 가치가 나오게 됐고, 또 종 다양성이 중요하게 됐는지 살펴보자. 첫 번째 예시로는 그 유명한 페니실린이 있다. [31] 페니실린은 페니실리움Penicillium 속에 속하는 곰팡이에서 분리한 물질이다. 항생제로 사용해 제2차 세계대전 당시 파상풍 및 부상으로 사망하는 병사들을 살린 약품으로 유명하다. 두 번째 예시로 빙카Vinca라는 이름의 꽃이 있다. 아프리카의 마다가스카르가 원산지이다. [32] 마다가스카르에서는 어린이들이 아플 때 먹이는 약제로 썼으며, 그 외의 지역에서는 관상용으로 사용했다. 최근 실험에서 백혈병을 낫게 하는 효능을 밝혀내 현재는 백혈병 치료제로 사용하고 있다. 마지막 예시로는 팔각회향八角茴香, Illicium verum Hooker fil이리는 붓순나뭇과의 열매가 있다. 중국이 원산지이며 중국에서 음식을 만들 때 첨가하는 향신료로 사용해왔다. [33] 팔각회향을 향신료 이외의 용도로 사용하기 시작한 것은 스위스의 한 제약 회사였다. 팔

---

31) Robert Cruickshank. "Sir Alexander Fleming, F.R.S". Nature, 1955, 175, (4459): 663.
32) 김수병, 『사람을 위한 과학』, 동아시아, 2005.
33) 이덕환, 『이덕환의 사이언스 토크토크』, 프로네시스, 2010.

각회향에서 분리한 물질을 조류독감의 치료제로 개발한 것이다. 그 외에도 다이어트 보조 식품 등을 포함해, 인간이 먹고 자고 입고하는 것들에 생물 종 다양성이 연관돼 있다.

지구의 역사와 인류의 역사를 정리하면 표 2-3과 같다. 인류의 조상은 300만 년 전에 탄생했다. 현생 인류인 호모 사피엔스는 1만 6천 년 전에 등장했다. 이에 비해 인구는 최근 100년 사이에 기하급수적으로 증가했다. 18세기에서 20세기까지는 인구가 1.5배 증가한 반면, 20세기에서 21세기가 되면서는 약 5배가 증가했다. 지구의 인구가 증가하면서 생물에 대한 소비가 급격하게 늘어났다. 생물 종의 소비에서 문제가 되는 것은 인류가 생물 종이 생겨나는 속도보다 빠르게 소비하고, 환경오염 등의 자연 문제로 생물 종을 멸종시키고 있다는 점이다.

1년에 사라지는 생물 종은 4,000 ~ 6,000종이며,[34] 이는 하루에 100종, 15분에 1종씩 사라지고 있는 셈이다. 인류가 생물 종 보존을 위해 노력을 기울이지 않아서 현재의 멸종 속도를 유지한다면 어떻게 될까. 놀랍게도 2050년에는 현재 생물 종의 50퍼센트가 사라질 것이라고 예상하고 있다. 지금도 수많은 생물 종이 존재했는지도 모르게 사라지고 있다. 이렇게 생물 종이 계속해서 사라진다면 인류가 생물 종의 가치를 알기도 전에 사라지는 상황이 발생하게 된다.

생물 종의 변화를 서식지에 따라서 육상, 담수, 해양으로 분류하고 시간 흐름에 따라서 생물 종의 숫자 변화를 본다면 그림 2-17과 같다. 모든 생물 종의 1970년대의 숫자를 1.0으로 놓았으며, 전체 생물 종은 검은색으로 표시했다. 현재 전체 생물 종은 0.6밖에 남아 있지 않다. 생물 종의 변화가 가장 심한 경우는 담수에 생존하는 생물 종이며, 1970년에 비해 0.5만 남아 있다. 이와 같은 생물 종 멸종에 영향을 미치는 요인에는 토지이용 변화, 국토개발, 농업, 외래종 문제, 보호지역 관리 미흡, 기후변화/사막화 등이 있다.

---

34) E. O. Wilson, "Threat to biodiversity", SCIENTIFIC AMERICAN 1989. Sep, 261(3) : 108-16.

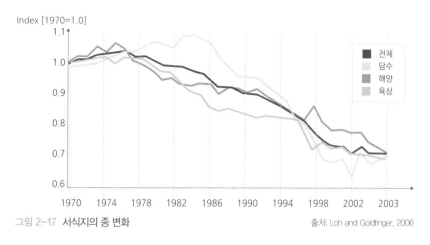

Index [1970=1.0]

그림 2-17 서식지의 종 변화　　　　　　　　　　　　　　　출처: Loh and Goldfinger, 2006

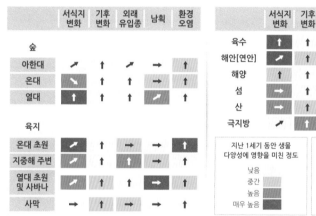

그림 2-18 생물 종 멸종에 영향을 미치는 요인　　　　　출처: Millennium Ecosystem Assessment, 2007

　각 요인이 생물 종 변화에 미치는 영향을 비교하면 그림 2-18과 같다. 지난 1세기 동안의 영향을 색으로 표시했다. 빨간색은 생물 종 변화에 가장 큰 영향을 미친 요인이고, 노란색은 영향이 가장 낮은 요인이다. 화살표는 각 요인들이 앞으로 생물 종 변화에 어떤 영향을 미칠지 나타낸다. 기후변화와 환경오염이 모든 지역에 서식하는 생물 다양성에 가장 큰 영향을 미칠 것으로 전망된다.

생물 다양성 문제의 해결을 위한 국제적 노력의 역사

국제적으로 생물 다양성에 대한 문제를 협의하기 시작한 역사는 그다지 길지 않다. 환경문제가 국제사회에 등장하기 시작한 것은 1972년 로마 클럽에서『성장의 한계』라는 책이 나오면서부터다. [35] 앞서 소개한 대로 이 책은 1970년대 이전과 같이 1970년대 이후에도 기술 발전이 초래하는 환경오염을 생각하지 않을 경우, 어느 순간부터는 더는 기술 발전을 할 수 없다는 내용을 담았다. 그에 따라 환경오염을 고려한 발전을 해야 한다고 강조했다. 그 뒤 10년이 지나서 유엔 자연보호 헌장이 나왔다. 또 10년의 세월이 흐른 뒤에는 1992년 국제연합환경개발회의UNCED, United Nations Conference on Environment and Development에서 리우 선언이 탄생했다. 세계 정상급 인사들이 모여서 환경에 대한 회의를 진행하고 환경보호를 위해 고려할 사항을 논의한 것이다. 그들은 첫째로는 생물 다양성, 둘째로 기후·변화 그리고 셋째로 사막화를 논의했다. [36] 이어서 1993년에는 생물 다양성에 대한 협정을 만들었는데 생물 다양성 협정의 목적은 다음과 같다.

생물 다양성 협정의 3가지 목적

1. 생물 다양성의 보존the conservation of biological diversity
2. 지속 가능한 사용the sustainable use of its components
3. 이윤에 대한 균등 공평 배분the fair and equitable sharing of the benefits arising out of the utilization of genetic resources

생물 다양성 협정의 첫 번째 목적은 지구상에 존재하는 생물 종을 보존하는 것이다. 두 번째 목적은 지속 가능한 사용으로 생물 종의 멸종을 막자는 것이다. 끝으로 세 번째 목적은 생물 종을 관리, 보존하는 사람과 이용해서

---

35) Donella H. Meadows. Dennis L. Meadows. Jorgen Randers. William W. Behrens III, 『The Limits to Growth: A Report for the Club of Rome's Project on the Predicament of Mankind』, Club of Rome, 1972.
36) United Nations, "Convention on biological diversity", 1992.

이윤을 창출하는 사람이 있을 경우, 발생한 이익을 공평하고 균등하게 배분하자는 것이다. 이와 같이 생물 다양성 협정에서는 생물 종의 보존, 이용 그리고 이윤이라는 세 가지에 관점을 포함하고 있다.

기후변화는 생물 종에 어떤 영향을 미치나

기후변화 협정에서 다루는 주된 내용은 이산화탄소와 메탄 등의 온실가스로 지구의 기온이 상승하고 있으며, 이러한 기체들의 사용을 자제하자는 것이다. 그리고 인류의 활동으로 발생하는 온실가스의 배출을 감축해야 한다는 것이다. 그 이유는 간단하다. 온실가스 기체들은 화학적으로 안정적이기 때문에 대기 중에서 다른 화학물질로 바뀌지 않기 때문이다. 그래서 지금까지 인류의 활동으로 배출한 온실가스는 앞으로 100년 동안은 대기 중에 남아서 지구의 기온 상승에 영향을 미친다. 여기서 기후변화가 지구상의 생물들에게 미치는 영향을 논의하는 것이 생물 다양성 협정이다. 지구상의 동식물 가운데 동물들은 기후가 변하면 기존의 서식지를 버리고 새로운 서식지를 찾아서 이동해 적응하고 살아갈 것이다. 식물들도 생태군이 이동해 새로운 기후에 적응할 것이다. 그러나 식물들은 동물에 비해서 생존력이 약하기 때문에 특정 식물 종은 멸종할 수도 있다.

그렇다면 인류라는 종은 어떨까? 문명이 개발된 도시에 거주하는 사람들은 별 문제없이 기후변화에 적응한다. 그러나 생물 종 변화가 삶에 영향을 미치는 지역에 거주하는 사람들은 큰 타격을 입는다. 그래서 유엔에서도 기후변화로 생활에 타격을 입는 국가를 돕기 위해 경제적 지원을 하기로 했다. 그러나 2015년까지를 기한으로 정해 진행한 결과, 경제적인 요인만을 고려해서는 빈곤퇴치가 불가능하다는 결론을 내렸다. 사회적인 요인도 함께 헤아려서 중장기적인 계획을 세워야 한다는 판단에 따라 계획을 수정해나가고 있다. 2015년 이후 10년 동안은 어떻게 할 것인가의 고민을 담은 계획으로 지속 가능 발전 목표SDGs, Sustainable Development Goals 17가지를 정해 진행 중

이다. 이 가운데 기후변화와 생물 종에 관한 목표 세 가지가 포함돼 있다. [37)]

전 지구 차원에서 생물 다양성을 생각해야 할 때

문명의 발전으로 인류는 편안한 삶을 누리고 있다. 추운 지역에서는 난방기를 사용해 실내 온도를 높인다. 더운 지역은 에어컨을 사용해 실내 온도를 낮추며 인류가 생활하기에 좋은 곳으로 지구를 바꿔가고 있다. 그러나 그와 동시에 인류는 지구상에 존재하는 다른 생물 종들에게는 적응하기 어려운 환경을 만들고 있다. 생물 종이라고 해서 동물과 식물만이 해당하는 것은 아니다. 인류는 인류 자신도 살기 힘든 지구를 만들고 있다. 생활의 터전인 지구를 인간의 전유물처럼 판단하지 않아야 한다. 따라서 지구상에 존재하는 생물 종을 보존하며, 지속 가능한 이용을 생각하고, 지구상의 인류에게도 도움이 되는 방안을 생각해볼 필요가 있다.

지금까지와는 다른 정책을 생각하고 새로운 연구를 진행해야 한다. 생물 종 다양성을 고려해야 할 상황에 처해 있기 때문이다. 특정 국가, 특정 지역에서만 진행하는 것이 아니라 전 지구적으로 협동하여 생물 다양성을 생각하여야 할 시점이다.

- **기후변화 체제하에서 생물 다양성의 '의의'** : 유전자 다양성(genetic diversity), 종 다양성(species diversity) 그리고 생태계 다양성(ecosystem diversity)을 하나로 묶어서 생물 다양성(biodiversity)이라고 한다. 생물 다양성은 인간의 생활에 지대한 영향을 미치고 있다.
- **기후변화 체제하에서 생물 다양성의 '한계'** : 생물의 생장은 기후의 영향을 많이 받는다. 현재 기후변화 때문에 생물 다양성이 감소하고 있는 실정이다. 이는 인류가 사용 가능한 생물 다양성 역시 감소한다는 뜻이다.
- **기후변화 체제하에서 생물 다양성의 '전망'** : 이미 인간은 생물 종 없이는 생활이 불가능한 형편이다. 그렇기 때문에 기후변화로 감소하는 생물 다양성을 보존하고 지속 가능하도록 이용해야 한다. 지구상의 인류 모두에게 도움이 될 수 있는 방향으로 생물 다양성의 활용 방법을 연구하고 정책을 만들어야 한다.

---

37) United Nations, "Sustainable development goals", 2015.

기후변화로 식량 자원이 고갈되고 있다

1970년대에는 다수확 품종을 개량하고 농약을 많이 사용하는 등의 방법으로 식량문제를 해결했다. 이때는 식량 공급이 수요를 넘어섰으며, 식량의 잉여시대라고 할 수 있었다. 그러나 1980년대에 들어서면서 식량 수급의 불균형이 발생하기 시작했다. 인구 증가로 식량의 수요는 많아진 반면에 공급이 부족해진 것이다.

지금은 인구 증가 외에도 기후변화, 신흥국의 경제성장, 바이오 에너지원 수요 증가, 물 부족 등 식량 부족에 영향을 끼치는 요인들이 늘어나고 있다. 특히, 기후변화와 물 부족, 에너지 문제는 식량 생산에 직접적으로 영향을 미치기 때문에 지속적으로 증가하는 인구를 감당하기 위해선 대책이 필요하다.

통계에 따르면 세계 인구는 현재 72억 명을 넘어섰고, 지금 같은 속도로 인구가 증가할 경우, 2050년에는 약 93억 명이 될 전망이다. 그런데 약 93억 명의 인류가 생활하기 위해서는 식량 생산을 2005～2007년 대비 60퍼센트 정도 늘려야 한다. 에너지는 2035년까지 50퍼센트 증가해야 하며, 물 수요는 2030년까지 글로벌 가용량의 40퍼센트를 초과할 것으로 예상된다. 이와 같은 상황에서 우리나라의 2014년 식량자급률은 49.8퍼센트, 곡물 자급률은 24퍼센트에 그치고 있다. 식량의 상당 부분을 수입하는 실정이므로, 이상기상이 발생해 식량 수급에 차질이 발생할 경우 큰 문제가 된다.

물, 에너지, 식량문제는 통합적으로 고려해야

식량은 인류 생존에 필요한 에너지와 영양을 공급하는 역할을 담당하고 있기에 중요한 문제이다. 안정적인 식량 확보는 시대와 국가를 초월해 핵심적인 도전과제이다. 그래서 기후변화에 대한 관심이 높아지고, 대응책에 대한 사회적 수요가 커지고 있다. 또한 온난화, 이상기후에 따른 피해도 매년 증가해 식량 생산을 악화시키고 있다.

2016년에 열린 세계경제포럼일명 다보스포럼에서는 특정 위험 요인이 발생할 가능성과 발생했을 때 파급력이 큰 위험 요인을 다음과 같이 정리했다. 발생 가능성이 가장 큰 5대 위험 요인으로 난민위기, 기상이변, 기후변화 대응 실패, 국가 간 갈등, 자연재해를 꼽았다. 또한 발생할 경우 파급력이 가장 큰 5대 위험요인은 기후변화 완화·적응 실패, 대량살상무기, 물 위기, 난민위기, 에너지 가격문제를 들었다. 기후변화, 기상이변, 물 부족문제가 선정된 이유는, 해당 요인들이 이미 진행되고 있고, 여러 다른 요인에 영향을 미치기 때문이다. 예를 들어 기후변화는 이상기상, 생물 다양성 손실과 생태 시스템 붕괴, 수자원위기, 식량위기 등과 관련성이 크며, 각 분야에 직간접적인 영향을 미친다. 그래서 물, 에너지, 식량문제를 이제 통합적으로 고려해 연구해야 한다는 것이 국제적인 흐름이다. 이제는 여러 자원문제 간에 경계를 없애고 통합적으로 봐야 할 필요가 여기에 있다.

기후변화가 전 세계 식량안보에 큰 위험 초래 예상

"기후변화는 95퍼센트 이상의 확률로 인간 활동의 영향으로 발생했다."

2014년에 발표한 5차 IPCC^{Intergovernmental Panel on Climate Change} 기후변화 평가보고서는 기후변화가 인간 때문에 생긴 것인지, 아니면 자연스러운 현상인지에 대한 논란을 끝내는 최종 결론을 내렸다. 지구의 평년 기온은 지난 133년^{1880~2012년} 동안 0.85℃^{0.65~1.06℃} 상승했고, 해수면은 지난 110년 동안 19cm^{17~21cm} 상승했다.

현재 온실가스 배출에 대한 지표는 RCP 8.5 수준이다. 만약 기후변화에 대한 특별한 적응정책 없이 21세기 말^{2081~2100년}까지 가게 된다면 1986 ~ 2005년 기준 대비 온도는 3.7℃^{2.6~4.8℃}가 상승하고, 해수면은 63cm^{45~82cm} 상승할 것이다. 지구 기온의 상승은 열대 및 온대 지역의 주요 농작물밀, 쌀, 옥수수 수확량에 부정적인 영향을 초래할 것이다. 물론 일부 지역의 수확량은 증가

표 2-4 기후변화 예상 시나리오에 따른 기온 변화

예상 시나리오	2005년 대비 미래 기온 상승(℃)	
	2046~2065년	2081~2100년
RCP 2.6	1.0(0.4~1.6)	1.0(0.3~1.7)
RCP 4.5	1.4(0.9~2.0)	1.8(1.1~2.6)
RCP 6.0	1.3(0.8~1.8)	2.2(1.4~3.1)
RCP 8.5	2.0(1.4~2.6)	3.7(2.6~4.8)

*RCP, Representative Concentration Pathway(대표농도경로)

출처: IPCC, 2014

할 수도 있지만, 2030년 이후 전 세계 70퍼센트 이상의 지역에서 수확량이 감소할 것이며 이런 경향은 점점 증가할 것이다. 지구의 온도가 4℃ 이상 증가할 경우, 전 지구적 식량안보에 큰 위험이 초래할 전망이다.

국립기상연구소의 한반도 기온 변화 예측을 보면 21세기 말에 RCP 8.5의 시나리오에서 한반도 평균기온이 5.9℃ 상승할 것으로 예상하고 있다. 이미 기후변화가 불러온 농작물의 생산지 변화는 시작됐다. 나주 지역을 포함한 호남 지역의 남쪽은 제주도에서 나는 한라봉을 재배하고 있다. 이와 같은 상태를 유지한다면 100년 후에는 강원도 지방에서도 많은 남쪽 지방 과일을 재배하게 될 것이다.

기후변화와 농작물 생산과의 상관관계

기후변화로 여름은 길어지고 겨울을 짧아지고 있어서 농사를 지을 수 있는 기간이 증가하고 있다. 앞으로 국내에서는 경우에 따라 삼모작이 가능할 수도 있다. 그림 2-19에서 +는 긍정적인 영향 △는 불확정, –는 부정적인 영향을 뜻한다. 그림을 보면 전반적으로 부정적인 영향이 많다. 다만 고위도 지역은 작물 생산에 긍정적인 영향이 있기 때문에, 지역에 따라 식량 불균형 문제가 심화될 것이다.

작물의 생육은 두 가지 측면에서 생각해봐야 한다. 첫 번째는 양적 성장으로, 중량의 증가나 작물의 높이가 커지는 것이다. 두 번째는 질적 성장으로,

	기후변화 요인	지구·한반도 기후 시스템의 변화

기후변화 요인

· 온실가스 온도 증가에 의한 기온상승
· 지구 규모의 열수지 및 물수지의 변화
· 엘니뇨/라니냐의 발현

지구·한반도 기후 시스템의 변화

· 아시아·몬순의 약화   · 기상요소 변동폭의 증가
· 강한 태풍의 증가,   · 수자원의 변화
  해류의 변화   · 외래종의 이입 증가

	국내 농업에 미치는 영향	해외 농업에 미치는 영향
긍정적 영향 ➕	· 재배가능 기간의 확대	· 고위도 지대의 작물 생산 가능
불확정 🔺	· 재배적지의 변화	· 재배적지의 변화
부정적 영향 ➖	· 작물수량 감소·품질의 저하 · 임실률의 저하 · 태풍에 의한 도복·염해의 증가 · 농업생태계의 교란	· 저위도 지대의 작물 스트레스 · 고온으로 인한 작물수량·품질 저하 · 농업생태계의 교란 · 수자원·토양수분 부족 심화 · 해안지대 농경지의 침수

그림 2-19 기후변화가 농업에 미치는 영향   출처 : 한국농촌경제연구원, 김창길

발아와 꽃눈의 분화, 벼의 성숙, 낙엽 등 발육상의 진행이 변하는 것이다. 기후변화로 이산화탄소의 양이 변하면 질적 성장과 양적 성장이 모두 증가한다. 그러나 온도까지 상승할 경우 고온 장해가 발생할 가능성도 있다. 그림 2-20과 같이 작물의 발육에서 최고온도가 넘어가면 고온 장해가 발생하며, 생존한계 온도가 넘어갈 경우 고사하는 문제가 생긴다.

우리나라의 경우, 2014년 국립식량과학원에서 기후변화 시나리오[RCP 8.5]를 가정하고 국내에서 생산되는 작물에 온도가 미치는 영향을 분석했다. 이 분석에 따르면 콩은 경남 내륙 지역과 전라도 지역에서 피해가 클 가능성이, 옥수수는 경상도 지역에서 피해가 클 것으로 예상했다. 가장 문제가 되는 것은 과수로 0.5℃만 상승해도 재배가 불가능하다. 대구 지역에서는 이미 사과를 재배하지 않고 있으며, 국내에서 재배하는 배, 복숭아, 포도, 단감 등도 온도가 상승할 경우 더는 재배할 수 없게 된다. 밭작물의 경우 고온 스트레스가 적은 편이지만, 40℃를 넘어갈 경우 재배가 불가능해진다.

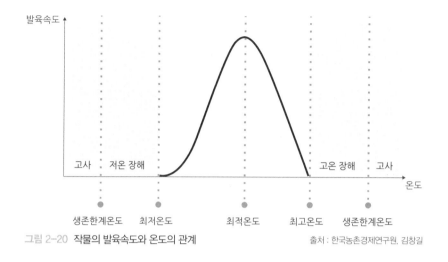

그림 2-20 **작물의 발육속도와 온도의 관계**   출처 : 한국농촌경제연구원, 김창길

복잡하게 연계되어 있는 기후변화와 식량안보

기후변화로 원활한 식량 공급이 어려워지자 '식량안보'라는 단어가 생겨났다. 식량안보의 정의부터 살펴보자. 식량안보는 모든 사람이 언제든지 활동적이고 건강한 삶을 위해 필요한 식량을 물질적, 사회적, 경제적으로 접근 가능하고, 그러한 접근 기회가 위협받지 않는 것을 뜻한다. 선호하는 식품까지 포함해 식량은 충분한 양뿐만 아니라 안전하고 영양가 있는 것이어야 한다.[38]

식량안보의 구성요소는 식량 가용성, 식량 접근성, 식량 안정성, 식량 활용성이 있다. 식량 가용성에는 국내생산, 수입가능용량, 식량비축 등을 포함한다. 식량 접근성은 구매력과 지불가능성, 식량유통과 식량판매 장소에 관한 것이다. 식량 안정성은 기후변화 및 이상기상 영향, 가격변동성, 저장, 건강에 관련한 것이며, 식량 활용성은 영양소의 활용, 소비패턴, 식량의 질, 소화능력, 질병을 포함한 개념이다. 이와 같이 기후변화와 식량안보는 복잡하게 연계돼 있다.

---

38) 세계 식량 정상 회의, 1996.

농산물 무역자유화가 확대되고 있는 상황에서 기후변화에 따른 농작물의 재배 환경에 변화가 일어나고, 이상기상이 자주 발생해 쌀 자급률이 하락하면 식량 기반이 취약한 우리나라는 식량의 안정적 공급이 위협받게 된다. 기후변화로 세계 식량 생산량이 감소하면, 식량수요에 대응하지 못해 곡물가격의 상승을 피할 수 없다. 또한 세계 식량시장은 불안정해지고, 식량안보도 위험해질 것이다.

기후변화에 따른 안정적 식량안보체제 구축을 위한 방안

기후변화에 대응해 안정적으로 식량을 확보하려면 체계적인 영향을 분석한 뒤 이를 토대로 식량안보체제를 구축해야 한다. 그러려면 분야별 그리고 단계별로 핵심과제를 발굴하고 추진해야 한다. 이 과정에서 기후변화의 여건변화를 반영하되 국내 농업생산 활동을 위한 부존자원을 최대한 활용할 수 있어야 한다. 먼저 국내 농작물 가운데 주요 재배 품목의 식량 자급률과 자주율을 기초로 목표치를 설정한다. 그리고 국내 생산, 해외 농업개발, 수매와 비축 등을 통합하는 국가 통합 식량 공급 시스템을 구축해야 한다. 또한 정보기술IT, Information Technology, 바이오기술BT, Bio Technology, 나노기술NT, Nano Technology 등 융합기술을 활용해 기후변화에 대응할 수 있는 스마트 농업Smart Farm을 적극 추진해야 한다.

이와 함께 기후변화로 갑작스럽게 식량 수급에 문제가 생겼을 때 완충 작용을 할 수 있는 시스템을 구축해야 한다. 완충 시스템 구축에는 식량 시스템의 복원력 구축, 위험관리 시스템 구축, 식량비축 확대, 해외 식량기지의 건설 등을 구체적 방안으로 들 수 있으며, 유라시아의 해외 농업을 개발해서 우리가 필요한 자원을 들여오는 것도 한 방법으로 제안할 수 있다. 또한 정책적 대응 능력도 다시 점검해야 한다. 영향분석 모형의 정교화와 정책적 활용을 확대해야 위기 상황에 대처할 수 있다. 또한 연구개발 투자 확대와 취약성 평가체제를 구축하고, 농업 부문 기후변화 대응 센터를 설치할 필요가 있다.

식량 부족시대, 안정적 농업생산 시스템 구축이 핵심 과제

기후변화에 따라 식량 공급 패러다임이 과잉시대에서 부족시대로 바뀌고 있다. 따라서 기후변화에 대응할 수 있는 안정적인 농업생산 시스템 구축이 핵심과제이다. 이러한 시스템 구축을 위해서는 국내생산능력, 완충능력, 정책적 대응 능력 등 세 분야 핵심과제의 적극적 추진이 필요하다. 핵심과제가 현장에서 제대로 작동하고, 정책적 성과를 극대화시키기 위해서는 먼저 농학·농업기상학·농업경제학 등 관련 분야 연구자로 컨소시엄을 구성해야 한다. 그리하여 분야별로 구체적인 실행 프로그램 수립을 위한 실제적인 연구가 필요하다.

실효성 있는 대책을 마련하는 현장연구를 수행하기 위해서는 기후변화 영향에 관한 신뢰성 있는 평가모형을 구축해야 한다. 그리고 정책집행에 필요한 비용 및 정책효과를 검증하는 체계적이고 학제적인 연구가 역시 지속적으로 이뤄져야 한다.

- **식량자원의 '의의'** : 식량은 인간의 생존에 필요한 에너지와 영양을 공급하는 역할을 담당하고 있다. 따라서 식량자원은 인류에게 필수적이다.

- **기후변화에 대한 식량자원의 '한계'** : 기후변화, 인구 증가, 신흥국의 경제성장, 바이오 에너지원 수요 증가, 물 부족 등 식량자원에 영향을 미치는 문제들이 발생하면서 전 세계가 식량자원 부족문제에 직면하고 있다. 특히 기후변화의 경우, 작물의 생장 자체를 어렵게 하기 때문에 식량 자원 감소에 가장 큰 영향을 미치고 있다.

- **기후변화에 대한 식량자원의 '전망'** : 안정적 농업생산 시스템을 구축해 기후변화에 대응해야 한다. 그러려면 국내 생산능력, 완충능력, 정책적 대응 능력 등 세 분야의 집중적인 분석을 기반으로 IT, BT, NT 등 타산업과 연계된 융합기술 개발이 필요하다. 이런 관점에서 볼 때 스마트 농업(Smart Farm)이 하나의 방법이 될 수 있다.

이산화탄소, 이제는 전환과 활용이다

신기후체제는 심각해지는 기후변화에 대응하기 위해 파리협정문을 체결하며 출범했다. 이에 따라 온실가스 배출을 줄이고, 기후변화 적응능력을 강화하려고 전 지구적으로 박차를 가하는 중이다. 특히 우리나라는 2030년까지 온실가스 배출 전망치BAU, Business As Usual: 온실가스 감축을 위한 인위적인 조치를 취하지 않을 경우 배출이 예상되는 온실가스의 총량을 추정한 것 대비 37퍼센트 감축을 목표로 하고 있다. 이를 달성하기 위한 수단으로 탄소 포집 및 저장CCS, Carbon Capture and Storage 혹은 탄소 포집 및 격리Carbon Capture and Sequestration를 제시했다. CCS란 화석연료의 연소로 발생한 온실가스 가운데 발생량이 가장 많은 이산화탄소를 물리·화학적인 방법을 이용해 분리하고, 이를 압축, 수송해 저장소에 저장함으로써 탄소를 저감하는 기술을 말한다.[39] CCS 중에서도 지중·해양 저장은 대규모 저장이 가능하다. 그러나 국내 환경 요인을 감안하면 저장량은 한정적이며, 외부 누출 위험이 있어 추가적인 모니터링과 검증기술이 따라야 한다. 그래서 정부는 CCS보다 이산화탄소를 자원화할 수 있는 탄소 포집·활용·저장CCUS, Carbon Capture, Utilization and Storage으로 정책을 변화시키고 있다.

2016년 6월 국가과학기술심의회에 관계부처 합동으로 보고된 '기후변화 대응기술 확보 로드맵'과 '기후변화 대응과 신산업 창출을 위한 청정에너지 기술 발전전략'에서는 CCUS를 강조하고 있다. CCUS란 기존의 CCS와 이산화탄소 전환과 활용CCU, Carbon Capture and Utilization을 모두 포함하는 용어이다. '기후변화 대응기술 확보 로드맵'에서는 탄소저감, 탄소 자원화, 기후변화 적응 같은 3대 분야의 10대 기후기술을 다룬다. 이 가운데 탄소 자원화에서 CCUS 기술을 중심으로 다룬다.

'기후변화 대응과 신산업 창출을 위한 청정에너지 기술 발전 전략'에서는

---

39) 김재식·천대인, CCUS(CO, 포집, 저장 및 전환) 기술개발과 정책방향, 기계저널, 2016

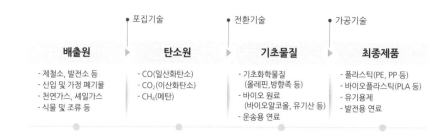

그림 2-21 **탄소 자원화 과정**　　　출처: 기후변화대응 『탄소 자원화 전략』 수립 추진. 미래창조과학부. 2015

청정에너지 기술을 다음과 같이 정의했다. "저탄소 에너지 경제로 전환하기 위해 에너지의 생산·저장·전달·소비단계에 적용하며, 온실가스 감축 및 신산업 육성에 기여하는 기술." 또한 해당 로드맵에서는 6대 분야 14개 세분 기술 영역을 선정했는데 6대 분야 가운데 마지막에 CCUS를 선정해 그 중요성을 강조했다.

이산화탄소의 저장에서 활용으로 인식의 전환이 이뤄지며 CCUS 기술에 집중하고 있지만, 몇 가지 고려해야 할 사항이 있다. 첫째, 이산화탄소를 저장할 경우 물리적으로 누출될 수 있는 양을 산정하고 모니터링 하는 관련 기술을 개발할 필요가 있다. 둘째, 저장 옵션마다 추가적으로 에너지가 필요한지 검토해야 한다. 이는 CCUS에서 장기적 고정의 특성이 있는 기술은 한정되며, 그러한 기술들의 경우 이산화탄소 저장은 일시적이지 않고 장기적이어서 지속적으로 관리해야 하기 때문이다.

그림 2-21을 보면 CCUS의 전체적인 공정도를 파악할 수 있다. 먼저 제철소나 발전소 같은 배출원에서 배출되는 온실가스를 포집기술로 탄소원을 얻는다. 여기서 일산화탄소, 이산화탄소나 메탄과 같은 탄소원들을 분리·정제 또는 생물·화학적 전환 기술로 기초 화학물질이나 바이오 원료 등을 생산한

다. 그리고 가공기술을 써서 고부가가치를 가지는 제품을 생산해 미래 성장 동력 창출과 온실가스 저감 효과를 얻는다. [40)]

탄소 전환 생성물 확인을 위한 시스템 구축 필요

이산화탄소 자원화 기술을 상용화하기 위해서는 목적 생성물만 만드는 선택적인 반응을 설계해야 한다. 그리고 이 반응의 활성화 에너지를 낮춰 반응 속도를 향상시키기 위한 내구성 있는 촉매 개발이 필요하다. 그뿐만 아니라 이산화탄소 자원화 반응을 최적화하려면 다양한 조건 아래에서 이산화탄소 전환 반응의 생성물을 빠른 속도로 분석할 수 있는 시스템을 구축해야 한다. 그림 2-22는 촉매를 이용하여 이산화탄소를 메타크릴산이라는 유용한 물질로 전환화학적 전환시키는 방법을 예로 도시한 것이다. 이렇듯 이산화탄소 전환 기술을 발전시키면 우리에게 필요한 물질을 생산해낼 수도 있기에 최근 CCUS 기술이 각광을 받고 있는 것이다.

이산화탄소 전환 생성물 확인을 위한 분석방법 가운데 하나는 사극자-비행시간형Q-TOF, Quadrupole Time-Of-Flight 질량분석기를 이용하는 것이다. 이 질량분석기를 이용해서 정석 분석을 시행해 주요 생성물과 부산물들을 확인한다. 이어서 촉매 반응으로 생성되는 표적물질인 탄소원을 자원화하기 위해 이산화탄소 전환 과정에서 필요한 과정이 있다. 목표로 하는 프로판산이나 프로판올의 정량을 위해 안정 동위 원소가 표지된 표준물질을 삼중 사극자QqQ, Triple Quadrupole 질량분석기로 다중 반응 검색을 시행해 정량 분석을 한다. 이에 종이분무화 이온화법PSI, Paper Spray Ionization을 적용해 이산화탄소 전환 메커니즘을 밝히고, 다중 질량분석MSⁿ, Multi-Stage Mass Spectroscopy으로 생성물의 이성질체나 구조를 확인한다.

기존에 존재하는 분석방법은 일반적으로 유기화학 반응의 결과물을 핵자기공명NMR, Nuclear Magnetic Resonance으로 정성 분석과 정량 분석을 수행하

---

40) 기후변화대응 『탄소자원화 전략』 수립 추진, 미래창조과학부, 2015.

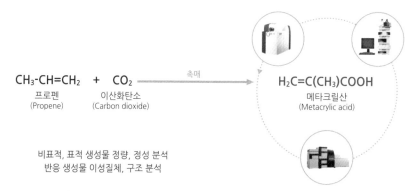

$CH_3\text{-}CH{=}CH_2$ + CO_2 —촉매→ $H_2C{=}C(CH_3)COOH$

프로펜   이산화탄소   메타크릴산
(Propene)   (Carbon dioxide)   (Metacrylic acid)

비표적, 표적 생성물 정량, 정성 분석
반응 생성물 이성질체, 구조 분석

그림 2-22 이산화탄소 전환 과정에 생성되는 반응물 분석 모식도
출처: Prasanna Rajagopalan et al., Methacrylic acid by carboxylation of propene with CO_2 over
POM catalysts — Reality or wishful thinking?, Catalysis Communications 48(2014), 19–23

는 것이다. 여기에는 보통 μmol 수준의 시료 양이 필요하다. 하지만 위의 질
량분석법은 nmol 혹은 그 이하의 시료 양으로도 신뢰수준의 정성 분석이 가
능해 특정 화합물만 검출하는 표적 분석에 유리하다. Q-TOF와 QqQ 질량분
석기를 통해 도출한 결과로 이산화탄소 전환을 위한 활성화 과정과 중간 생
성물에 대한 메커니즘을 규명할 수 있다. 그리고 이것은 반응 원리의 이해와
공학적 활용을 위해 필수적이다.

이산화탄소의 생물학적, 화학적 전환

이산화탄소를 전환하는 기술에는 대표적으로 생물학적 전환 방법과 화학
적 전환 방법이 있다. 우선 이산화탄소의 생물학적 전환 방법은 미생물로 C1
가스^{일산화탄소, 이산화탄소, 메탄과 같이 탄소수가 하나인 가스}의 연료 전환이 가능하다. C1
가스를 이용할 수 있는 미생물에는 세 가지가 있다. 일산화탄소나 이산화탄
소를 탄소원으로 이용할 수 있는 미생물 그리고 수소를 에너지원으로 이용
하는 독립영양체^{autotrophic}, 일산화탄소와 이산화탄소를 탄소원과 에너지원
으로 동시에 활용할 수 있는 탄소물질 영양체^{unicarbonotroph}이다. 혐기 미생물
들은 일산화탄소가 포함된 합성가스에서 수소, 아세트산, 에탄올, 부탄올 등

을 생산할 수 있어 연구진들이 집중하는 분야이다. [41)]

　일산화탄소를 이용한 수소 생산은 촉매에 의한 전환반응과 동일한 메커니즘으로 진행한다. 상업적으로 많이 사용되는 아세트산의 생성은 일산화탄소가 아세틸코에이[Acetyl-CoA]로 전환된 뒤 생성된다. 하지만 이 아세트산은 정제하는 데 어려움이 있어 에탄올과 같은 고부가가치의 제품으로 전환하는 연구를 진행하고 있다. 그 외에 바이오매스를 이용해 많이 생산하는 부탄올은 미생물의 물질대사 중 아세틸코에이에서 부티릴코에이[Butyryl-CoA]를 거쳐 생성된다.

　생물학적 방법으로 온실가스를 바이오 연료로 전환하는 것은 촉매를 이용한 공정에 비해 추가 시설이 필요 없으며, 다양한 CO/H_2 비율에서도 운전이 가능하다는 장점이 있다. 다만 생물전환 기술은 촉매를 이용하는 화학적 전환 방식에 비해 효율이 비교적 낮고 시간이 더 오래 걸리며, 공정을 가동시킬 때 미생물의 관리에 유의해야 한다는 단점이 있다. 하지만 연구개발을 해서 통제가 가능하게 된다면, 부산물 생산율 저하와 더불어 후처리 공정 감축으로 친환경적인 방법의 선두가 될 것이다.

　앞서 소개한 바와 같이 이산화탄소의 화학적 전환 방법은 이산화탄소로

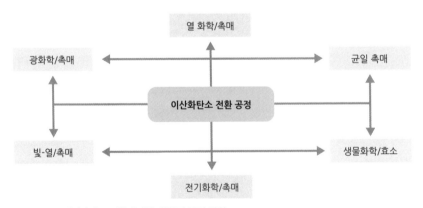

그림 2-23 **이산화탄소 전환에 대한 화학적 공정 범위**
　　　출처: Chunshan Song, Global challenges and strategies for control, conversion and utilization of CO_2
　　　for sustainable development involving energy, catalysis, adsorption and chemical processing, 2006

---

41) 강석환, 합성가스와 연계된 C1 가스 리파이너리 기술과 동향, 고등기술연구원, 2016.

부터 새로운 물질을 생산해내는 방식으로 응용을 많이 한다. 이산화탄소 전환으로 생산한 물질 가운데 가장 수요가 많은 것은 요소^{Urea}이다. 그다음으로는 사실리산, 메탄올, 고리형 탄산염류 그리고 폴리카보네이트이다. 그 외에 최근 들어 여러 분야에서 널리 사용하는 디메틸카보네이트가 있다. 폴리카보네이트와 디메틸카보네이트의 세계시장 규모는 최근 급격히 증가하는 추세이다. 이 두 가지는 내연기관 유류 첨가제인 MTBE$^{methyl\ tert-butyl\ ether}$ 대체제로 가능해서 그 시장 규모가 큰 폭으로 성장하리라 예상하고 있다. 이산화탄소는 화학적으로 매우 안정지만, 이를 활용하기 위해서는 메탄, 탄화수소, 수소 암모니아 등 적절한 환원제가 필요하다.

이산화탄소 저감을 위한 광물 탄산화

광물 탄산화 기술은 이산화탄소와 알칼리 토금속을 반응시켜 열역학적으로 가장 안정한 형태인 탄산염형태로 전환해서 이산화탄소를 격리시키는 기술을 말한다. 최종 산물인 광물 탄산염은 건설용 응집제, 제지 산업용 코팅제 및 증진재, 플라스틱, 페인트, 식품 첨가물 등 매우 다양한 분야에 활용이 가능하다. 따라서 저장뿐만 아니라 자원화도 가능하다. [42]

광물 탄산화에 필요한 칼슘 또는 마그네슘 등의 알칼리 토금속은 자연계에만 존재하는 한정적 자원이 아니다. 철강, 시멘트 및 발전 공정 등에서 발생하는 부산물슬래그에 상당량 포함돼 있어 기술 개발이 쉬운 편이다. 그뿐만 아니라 국내 철강 산업에서 발생하는 이산화탄소 배출량은 2013년 기준 7,400만 톤으로 국가 전체에서 10.6퍼센트를 차지한다. 슬래그 발생량은 연간 1,800만 톤 이상이고, 여기에는 산화칼슘과 산화마그네슘이 30~60퍼센트 포함돼 있어 국내에서 광물 탄산화 기술을 적용하는 데 무리가 없다.

광물 탄산화는 크게 두 가지 방법이 있다. 하나는 이산화탄소를 칼슘 또는 마그네슘 등을 포함한 자연규산염 광물이 풍부한 지층에 주입하는 방법$^{in-}$

---

42) 박영준, 광물 탄산화를 통한 이산화탄소 저장 및 활용, 광주과학기술원, 2016.

situ이다. 또 하나는 규산염 광물 또는 알칼리성 산업 부산물을 파쇄 및 분쇄 등의 전처리 과정을 거쳐 외부의 화학공정으로 탄산화하는 방법ex-situ이 있다. 광물 탄산화에 자연규산염을 사용한다면 반응적으로는 유리하지만, 자원에 제한이 있으므로 산업폐기물이나 부산물을 이용하는 편이 좋다. 그러나 이를 이용할 경우, 여러 가지 고려해야 할 사항이 있다. 일단 원료물질이 고상이어야 한다. 그리고 산성인 이산화탄소와 반응하기 위해 적어도 pH가 8 이상의 알칼리성이어야 한다. 마지막으로 이산화탄소의 발생장소에서 쉽게 얻을 수 있어야 한다.

이산화탄소 저감을 위한 광물 탄산화 전환 기술은 전 세계에서 상대적으로 오랜 기간 동안 연구를 진행했다. 그러나 전체 공정에서 소모하는 에너지와 시간 때문에 실증단계까지는 미미한 수준이다. 하지만 최종적으로 산출한 광물 탄산염은 고부가가치가 있다. 그래서 광물 탄산화를 고속으로 그리고 저에너지로 가능하도록 기술 개발을 이룬다면 전망이 있는 기술이 될 것이다.

갈수록 중요해질 탄소 전환 기술

2017년에 발간한 '녹색·기후백서 2017'은 2016년과 다르게 이산화탄소 전환 분야를 추가했다. 정책 및 제도적으로도 변화를 맞고 있음을 보여주는 것이다. 특히 2015년 12월 파리 기후협정 체결 이후 목표치를 달성하기 위해 정부는 국가 온실가스 감축에도 기여하는 방안을 찾고 있을 뿐 아니라 탄소 자원화 기술을 개발해 화학 소재 및 광물화 제품 생산기술을 확보하려고 하고 있다. 탄소 자원화 기술은 전 세계적으로 아직 상용화 진입 단계에 불과하다. 그러나 더 강력한 온실가스 감축 의무 때문에 점차 시장이 확대될 전망이다.[43] 미국, 유럽연합, 일본 등도 온실가스 포집 및 저장과 더불어 자원화 관련 연구개발R&D 실증 강화를 추진하고 있다. 따라서 국내외적으로 CCUS를 통한 탄소 자원화 시장 규모는 커질 것으로 보인다.

---

43) 이데일리, http://www.edaily.co.kr/

- **탄소 전환 기술의 '의의'** : 탄소를 저장 및 격리하는 데서 벗어나 재사용이 가능한 탄소원으로 인식하고, 다른 반응물과 반응시켜 고부가가치의 탄화수소 또는 화학제품으로 재활용이 가능한 새로운 생성물을 만드는 기술로, 미래 성장 동력 창출과 온실가스 저감에 기여한다,

- **탄소 전환 기술의 '한계'** : 새로운 분야이기 때문에 아직 연구 심화가 미미한 수준이며, 상용화하기까지 시간이 걸릴 것으로 보인다.

- **탄소 전환 기술의 '전망'** : 탄소가격의 부재 시에 초기 실증사업의 발전을 앞당길 수 있는 잠재력이 있다. 그리고 기능적인 측면을 고려할 때 향후에는 정부 차원에서 이산화탄소 전환 기술의 탄소배출권 시장 메커니즘을 활용하고, 정책적으로 지원 방안을 마련해야 한다.

기후변화 대응의 필수, 기후변화 적응 기술

 지구온난화의 원인물질인 온실가스 배출이 온실가스 저감 및 전환 기술로 지금보다 감소하더라도 기존의 온실가스는 최소 20년에서 최대 200년까지 대기 중에 체류해 지구온난화를 가속시킬 것이다.[44] 따라서 온실가스 배출을 감소시키는 것뿐만 아니라 이미 진행 중인 새로운 기후환경에 적응하는 것도 필요하다. 이제 기후변화 적응은 기후변화 대응에서 선택이 아닌 필수가 됐다. 기후변화 적응이란 이미 발생하고 있거나 앞으로 발생할 것으로 예상되는 기후변화의 영향에, 자연과 인간의 시스템 조절로 피해를 최소화하거나 긍정적인 결과를 유도하는 활동을 일컫는다.[45] 이러한 기후변화 적응은 국가가 기후변화의 영향에 대책을 어떻게 수립하고 이행하는지가 중요하다.

각국의 기후변화 적응대책

 선진국은 발 빠르게 기후변화 적응대책을 수립하고 이행하고 있다. 대표적으로 영국의 경우, 1990년대 후반부터 국가차원에서 조직, 법, 제도를 정비했다. 기후변화 보고를 의무화하고 기후변화 법을 제정했으며, 지자체의 기후변화 적응 역량 강화를 위한 각종 프로그램을 지원했다. 런던 회사는 런던 시내의 지표면 온도를 분석하고 홍수범람 지역을 파악해 기후변화 영향과 취약성 평가를 수행했다. 또 템스 배리어Thames Barrier, 만조와 홍수가 겹칠 경우 수문을 닫아 바닷물의 유입을 막는 방어벽를 증축해 단기적인 홍수범람에 따른 수해를 예방하고, 동시에 장기적으로는 해수면 상승에도 대비했다. 그리고 미술전시관으로도 활용해 랜드마크landmark 역할과 함께 새로운 기회로 활용했다.

 우리나라도 기후변화 적응대책으로 2008년부터 기후변화 적응 종합계획을 수립했다. 2010년에는 저탄소 녹색성장 기본법을 바탕으로 기후변화 적

44) 기후변화 대응과 적응, 녹색성장위원회, 2011.
45) 이민호, "기후변화 적응 개념 이해 및 국가 기후변화 적응정책", 기후변화 적응정책 발전포럼, 2009. 9.

지표면 온도 분석　　　　　　　　　　홍수범람 지역 취약성 평가

그림 2-24　영국 런던의 기후변화 적응대책 사례　　　　　출처: 녹색성장위원회, 2011

그림 2-25　템스 배리어 공원　　　　　　　　　　출처: Timeout

응대책을 세웠다. 그리고 2016년 미래창조과학부에서는 연구개발로 기후기술을 확보하고 기후변화대응 역량을 강화하기 위한 수단으로 기후기술로드맵CTR, Climate Technology Roadmap을 완성했다. [46)]

　그렇다면 기후변화 적응대책의 하나로 가까운 미래에 대비할 수 있는 기술에는 어떤 것이 있을까? 표 2-5의 기후기술로드맵에 따르면 기후변화 적응 분야에서 공통 플랫폼 기술로 여러 가지가 나온다. 이 가운데 기후변화 감시·전망 부문과 기후영향 관측·예측 부문의 기술 예시를 살펴보려고 한다.

---

46) 미래창조과학부, "기후기술로드맵(CTR)" 완성, 보도자료, 2016. 6.

표 2-5 기후기술로드맵 중 기후변화 적응 기술

분야	기후기술	구분	세부 기술군
기후변화 적응	공통 플랫폼 기술	기후변화 감시·전망	기상 및 기후 고해상도 관측·예측
		기후영향 관측·예측	기후위험에 대한 건강영향 감시·예측
			기후위험에 대한 식량영향 감시·예측
		기후변화 취약성·리스크 평가	기후 영향·취약성 분석 상세화
			기후 리스크 통합관리 기반
		피해 저감 및 회복력 강화	기후재해 선제적 예방
			기후재해 피해 분석·산정
			피해 저감·복구
		중장기 대응기반 구축	기후 위기자원 관리
			적응정책 통합 관리

출처: 미래창조과학부, 2016

4차 산업혁명 기술을 활용한 기후변화 감시·전망

기후변화에 적응하기 위해서는 먼저 기후변화의 양상을 이해하고, 해당 국가에 최적화한 기후변화 예측을 토대로 적응 기반을 구축하는 것이 필요하다. 기후변화 감·전망 부문에는 기상 및 기후를 고해상도로 관측·예측하는 공통 플랫폼 기술이 있다.[47] 기후변화로 국지성 호우·침수 및 미세먼지 피해가 급증하는 등 기후환경 패턴의 지역별 편차가 심화되고 있는 상황이다. 강우 및 미세먼지를 관측하는 데 기존의 환경 모니터링 네트워크로는 시공간적 해상도에 한계가 있다. 수집된 데이터를 분석해도 국토교통부, 환경부, 한국환경공단 등의 조사·분석기관에 따라 결과가 다르게 나온다.

현재 환경정보 수집·예측에는 다음과 같은 문제가 있다. 하나는 인력·운용비 부담 증가에 따라 관측밀도가 낮고, 기관별로 매우 불균일한 공간분포를 이루고 있다는 점이다. 또 하나는 위성·항공을 이용한 원격탐사의 한계에 따라서 이전과 다르게 환경정보 생산을 더 효과적으로 할 필요가 있다는 점이다.

이에 대한 효과적인 방안으로 지상원격탐사를 예로 들 수 있다. 차량과 같은 이동체와 사물인터넷IoT을 연계한 스마트 센서를 이용해 기상 데이터를

---

47) 미래창조과학부, "기후기술로드맵(CTR)" 완성, 보도자료, 2016. 6.

그림 2-26 스마트 센서와 인공지능을 연계한 기술 예시

분산 수집한다. 이렇게 모은 고해상도 기상 데이터를 실시간으로 모니터링해서 기후변화에 대응하는 것이다. 스마트 센서에는 강우 센서, 미세먼지 센서, 온도 센서, 위치 정보GPS 등이 해당된다. 여기서 그치지 않고 빅데이터 분석과 머신러닝·딥러닝을 활용한 인공지능을 연계해 환경정보 처리를 효율적으로 한다. 이 방법으로 기후환경을 예측하면 4차 산업혁명에도 대응이 가능하다. 또한 실시간으로 빅데이터를 원활하게 수집하기 위해 기지국마다 분산해 저장 네트워크를 구축하는 방법이 있다. 앞에서 말한 이동체와 IoT 기반 스마트 센서를 이용한 관측 정보와 텔레매틱스telematics 통신기술을 연계해, IoT 기반 환경정보를 전송·저장하는 네트워크를 생성한다. 이렇게 실시간으로 환경정보를 모니터링한 것을 바탕으로 스마트 센서와 인공지능을 연계한 통합 플랫폼을 구축한다.

그렇다면 이 기술을 어떻게 활용할 수 있을까? 이동체와 IoT를 연계한 기술을 차량 통신에 접목하면 '커넥티드 카connected car' 연구에 활용이 가능하다. 커넥티드 카는 인터넷, 모바일 기기를 운전자와 연결한 자동차를 일컫는 말이다. 또한 스마트 IoT 관련 기술을 이용해 스마트홈, 스마트빌딩 등으로 사업화도 할 수 있다. 환경정보의 경우 환경부, 기상청, 국립환경과학원에서 체계적으로 수집하고 관리하면 된다. 그리고 환경 빅데이터를 활용하면 농림축산식품부와 지자체에서 농업, 생태계, 재난에 대응하는 기술 확보도 가능하다. 고해상도 모니터링 데이터의 경우는 환경부, 국토교통부, 지자체에

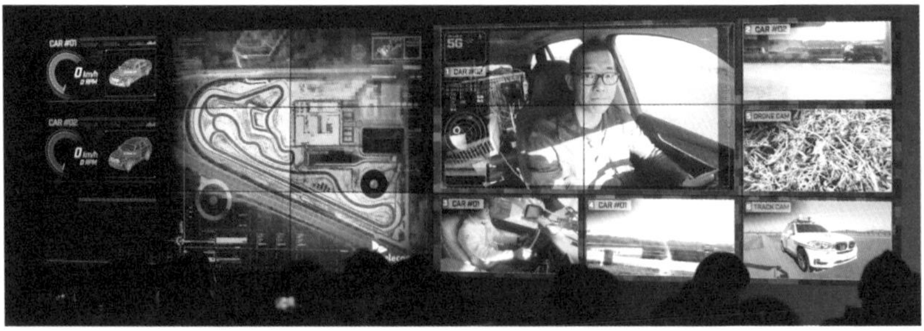

그림 2-27 IoT 기반의 커넥티드 카 출처: 연합뉴스

서 활용해 기후변화 대응을 위한 연구 체계를 확립할 수 있다.

시장전망을 살펴보면, 세계 기후 환경센서 및 감시기술 시장은 2008년 91억 달러에서 2014년 130억 달러 규모로 증가했다.[48] 미국 기상학회에서는 빅데이터를 활용해 기후변화에 대응하는 효과를 5조 원 이상으로 예측했다.[49] 이처럼 기후변화 대응 및 적응대책으로 환경센서, 빅데이터, IoT, 인공지능을 활용한 기술 시장이 앞으로는 급속도로 커질 것으로 전망된다.

기후변화에 취약한 지역에 대한 가까운 미래 기후 예측 기술

기상 및 기후 고해상도 관측·예측하는 기술의 또 다른 예를 들자면, 기후변화에 취약한 지역의 가까운 미래 기후를 예측하는 것이 있다. 선진적인 수도 공급 시설 및 시스템 없이 우물이나 강에서 물을 얻는 국가는 기후변화에 취약해 물 자원 확보에 큰 타격을 입을 가능성이 있다. 남태평양 섬나라 피지Fiji와 아시아 내륙 국가인 몽골은 수도 공급 시설 및 시스템이 결여된 사례 국가이다. 이들 국가는 극한 기상·기후 때문에 막대한 피해를 입었다. 피지의 경우 2016년 2월에 강한 열대저기압으로 최대 325km/h 풍속의 사이클론 '윈스턴Winston'이 강타해 최소 44명이 사망했다.[50] 몽골은 2016년 여름에 극심한 홍수와 가뭄이 발생했다. 이와 같은 기후변화 피해에 대비해 기후변화

---

48) 기후변화대응 환경기술개발사업, 환경부, 2011. 2.
49) 조창훈, "기후변화 대응을 위한 사물인터넷(IoT)과 빅데이터 활용 방법은?", 기후변화센터, 2014.7.
50) 2016년 이상기후 보고서, 관계부처합동, 2016. 1.

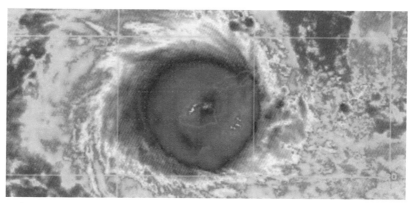

그림 2-28 피지를 강타한 사이클론 윈스턴의 기상 그래픽   출처: BBC, 2016

분석을 실시해 물을 공급할 수 있다. 엘니뇨el Niño와 같은 자연기후변동성과 관련된 기후변화 양상을 이해해, 각 지역의 관측 자료를 토대로 모델들의 적합성을 평가한다. 이를 통해 고해상도 데이터를 생성해 기후변화 예측의 정확성을 높일 수 있고, 지역에 적합한 기술을 개발하는 데 기여할 수 있다.

기후위험에 대한 건강 및 식량 영향 감시 및 관측·예측 기술

기후변화에 적응하는 데는 기후변화 예측도 중요하지만, 기후변화의 영향을 받는 생태계와 인류의 건강 또한 중요하다. 기후기술로드맵의 기후영향 관측·예측 부문을 보면 기후위험에 대한 건강 및 식량 영향 감시·예측하는 기술이 있다.[51] 먼저, 기후위험에 대한 건강영향 감시·예측하는 기술의 예로는 기후변화로 인한 토양 및 수계 내 중금속 거동에 따른 위해성 평가가 있다. 토양 및 지하수는 기후에 따라 토성soil texture, 토양 유기물soil organic matter, 토양 수분soil water 및 지하수 성상과 같은 특성이 달라진다.

특히 광산 주변 지역의 토양은 고농도의 중금속을 포함한 광산폐기물이 지구화학적 반응을 일으켜 오염이 심각해진다. 오염된 토양에서 흘러나온 침출수가 수계에 유출되면 생태계와 건강에 악영향을 미치게 된다. 선진국

---

51) 미래창조과학부, "기후기술로드맵(CTR) 완성, 보도자료, 2016. 6.

그림 2-29 광산 주변 지역의 토양 및 수계 오염   출처: www.shutterstock.com

의 경우에는 광산에서 발생하는 오염원 유출을 막기 위해 오염방지시설로 관리하지만, 개도국은 오염원에 대한 관리가 미비한 상황이다. 따라서 동남아시아와 같은 개도국에서 기후변화로 발생하는 오염물질의 거동 변화에 대한 예측은 오염원 관리에 필수적이다. 광산 주변 지역의 환경조사와 더불어 위해성 평가를 통해 기후변화 대응 대책을 수립해야 한다.

다음으로 식량에 미치는 영향을 감시·예측하는 기술로는 기후변화가 몰고 온 생태계의 변화를 예측하는 기술이 있다. 기후변화가 심해질수록 선진화·도시화한 국가보다는 농경이나 목축을 주요 경제력으로 하는 저개발·개도국가가 식량자원의 피해를 크게 보고 있다. 이에 대비하려면 기후변화에 따른 생태계의 변화를 예측하는 기술이 필수적이다. 기존에 기후 조건에 따른 식물의 생리적 반응에 대한 연구는 활발히 진행해왔다. 그러나 생물 종 간의 상호작용도 식물 종의 번식에 영향을 주는데, 기후변화와 생물 종 간 상호작용의 상관관계를 밝히는 연구는 아직 시작 단계에 불과한 형편이다. 같은 기후 조건에서 식물의 씨앗 내부에 내생미생물내생균이 있는 식물이 그렇지 않은 식물보다 환경 스트레스에 강한 저항성을 가지며 건강한 생장을 보인다. 따라서 자생하는 식물과 내생미생물의 상호작용에 관한 연구를 활발하게 진행한다면, 기후변화가 불러 오는 생태계 변화 예측과 기후변화에 적합한 작물·축산 방법 개발에 기여하게 될 것이다.

지금까지 고해상도 기상 데이터를 수집하기 위한 지상원격탐사 기술부터 기후변화 예측을 위한 기후 모델링, 중금속 위해성 평가, 생태계 변화 예측까지 기후변화 감시·전망 부문과 기후영향 관측·예측 부문의 기술 예시를 살펴봤다.

우리나라는 기후변화 적응대책에서 건강, 재난·재해, 산업·에너지, 기후변화 감시예측, 생태계, 산림, 농업, 해양수산, 물관리 등 다양한 방면에서 노력을 기울이고 있다.[52] 앞으로 먼 미래보다는 10년 이후의 가까운 미래에 대한 적응이 필요한 시점이다. 4차 산업혁명 기술은 기후변화 적응 기술을 가까운 미래에 실현 가능하게 하는 필수 기반기술이다. 기후변화는 자연뿐만 아니라 사회, 산업 등에도 막대한 영향을 미치므로 한 분야에 치중된 연구·기술 개발이 아니라 함께 융합해 발전하는 연구가 필요하다.

- **기후변화 적응 기술의 '의의'** : 기후변화 적응은 기후변화 대응의 선택이 아닌 필수가 됐다. 이런 상황에서 2016년 기후기술로드맵(CTR)을 완성해 기후변화 적응 기술의 방향성과 체계가 잡혔다.

- **기후변화 적응 기술의 '한계'** : 아직 시작 단계여서 기술 확보가 부족하고 기존의 관련 기술에 한계점이 있다. 감시·전망 측면에서는 고해상도 실시간 측정과 예측의 불확실성에 대한 정량적 값, 정확도 향상이 필요하다. 취약성·리스크 평가 측면에서는 지역에 대한 거시적 수준에서 미시적인 수준의 평가와 실시간 리스크 평가 및 관리가 필요하다. 피해저감·회복력 강화 측면에서는 핵심기술의 표준화와 통합 플랫폼 기술 개발로 선제 예방 시스템을 구축하는 것이 필요하다.

- **기후변화 적응 기술의 '전망'** : 먼 미래보다는 10년 이후의 가까운 미래에 실현시킬 수 있는 기후변화 적응 기술 개발이 시급하다. 4차 산업혁명 기술은 기후변화 적응 기술에 적용할 경우 가까운 미래에 실현이 가능한 필수 기반기술이다. 감시·전망 측면에서는 사물인터넷(IoT), 클라우드 컴퓨팅, 빅데이터 분석, 딥러닝, 인공지능 등에 적용이 가능하다. 취약성·리스크 평가 측면에서는 사이버 보안, 증강 현실, 인공지능 등에 적용이 가능하다. 피해저감·회복력 강화 측면에서는 자율 로봇, 적층 가공, 시스템 통합 등에 적용이 가능하다.

---

52) 기후변화 대응과 적응, 녹색성장위원회, 2011.

3장

미래를 위한 약속,
지속 가능한 발전

산업혁명 이후 수세기 동안 인류 번영을 위해 많은 기술 발전이 있었다. 그 기술이 지구 대기의 조성을 변화시키는 직간접의 원인이 되어 지구의 온도가 높아지고 있다. 그 결과 기후변화로 지구의 온도가 과거의 평균을 벗어남에 따라 생태계 또한 변하는 중이다.[1] 이러한 변화의 흐름과 바뀌고 있는 환경에서 살아남기 위해서, 기술의 목적이 인류 번영에서 생존 쪽으로 바뀌고 있다.

우리는 2장에서 새로운 표준이 된 기후에 적응하기 위해 새롭게 바뀌고 있는 물, 에너지, 대기, 생명과 생물 기술 분야의 패러다임을 확인했다. 그러나 이러한 기후변화 적응과 관련한 기술을 발전시키려는 노력에도 불구하고, 기술에 대한 적용과 도입은 아직 일부에 국한된 실정이다. 또한 기술 간의 유기적인 협력을 이끌어내는 일이 새로운 과제로 떠오르고 있다.

따라서 3장 '미래를 위한 약속, 지속 가능한 발전'에서는 기후변화 적응을 위한 노력을 뒷받침해줄 수 있는 전략을 살펴보려고 한다. 이 전략은 전 지구적 차원의 관련 정책 및 협정의 필요성에 따라 도입한 제도의 실효성을 높여줄 것이다.

우선 적응과 관련해 유럽연합을 비롯해 주요 선진국의 대책을 검토하고 국내 도입을 위한 요소들을 알아볼 것이다. 또한 주요국의 신기후체제에 대한 기본기조 및 정책 방향을 주의 깊게 살펴본 뒤, 적응 전략을 제도적으로 구성하는 데 필요한 사항과 운영 방안에 따른 시사점을 도출할 것이다. 이밖에 정책적 측면에서 현행 에너지 분야의 기후변화 대응기술을 정비하고 분석하려고 한다. 그리고 이러한 시도를 바탕으로 법령의 개정, 연구의 융합 등 정책 이행을 점검할 것이다. 기후변화 전략에 따른 제도 도입은 궁극적으로 민간에게 전달해 적응 완화를 이루는 것이 목적이다. 따라서 국내 기후변화 적응을 위한 정책 사례를 알아보고, 검토와 분석을 실시해 전략적 시사점도 살펴볼 것이다.

---

1) 강운산, 기후변화가 건설업에 미치는 영향과 대응 방안, 한국건설산업연구원, 2004. 3.

- 지속 가능한 발전(sustainable development) : 환경을 보호하고 빈곤을 구제하며, 장기적으로는 성장을 이유로 단기적인 자연자원을 파괴하지 않는 경제 성장을 창출하기 위한 방법들의 집합.

- 17가지 지속 가능 개발 목표(SDGs17, Sustainable Development Goals 17) : UN에서 발의한 17가지 지속 가능한 개발 목표.

- 세계에너지전망(WEO, World Energy Outlook) : 국제에너지기구에서 발간하는 보고서로, 에너지 부문의 국제적 이슈에 대한 시나리오 분석 및 사례 연구를 통해 다양한 대안 간의 장단점, 우선순위, 상호 연관성 등을 검토함.

- 마이크로그리드(MG, Microgrid) : 기존의 광역적 전력 시스템에서 독립한 분산전원을 중심으로 한 국소적 전력공급 시스템.

- 에너지저장장치(ESS, Energy Storage System) : 생산한 전력을 전력계통에 저장한 후, 전기 수요에 따라 선택적으로 공급하는 시스템.

- 지능형 전력계량인프라(AMI, Advanced Metering Infrastructure) : 수용가와 전력회사 간 양방향 통신을 이용해 실시간 요금정산, 전력사정에 따른 가전 제어 등이 가능한 최종 전력 소비자와 전력회사 사이의 전력서비스 인프라.

- 기후기술센터네트워크(CTCN, Climate Technology Center & Network) : 개도국 기후기술 지원을 위한 국제기구로서 기후기술 개발 및 이전이행 활동을 진행하는 UN 기구.

- 기후변화 정책 대응 국가지정기구(NDE, National Designated Entity) : 개도국에 기후기술지원을 시행하는 국가 지정기구. 우리나라 국가지정기구로는 현재 미래창조과학부가 참여하고 있음.

- 국제연합(UN) 세계 환경 개발 위원회(WCED, World Commission on Environment and Development) : 1984년에 발족한 UN 산하의 특별위원회로 지속 가능한 발전을 환경보전과 동시에 추구하는 새로운 개발개념으로 정립함.

- 녹색성장(green growth) : '에너지·환경 관련 기술과 산업 등에서 미래 유망품목과 신기술을 개발하고, 기존 산업과 융합하면서 새로운 성장 동력과 일자리를 얻는 것'을 말함.

- 유엔기후변화협약(UNFCCC, United Nations Framework Convention on Climate Change) : 지구온난화를 방지하기 위해 온실가스의 인위적 방출을 규제하기 위한 협약.

- 녹색기후기금(GCF, Green Climate Fund) : 개도국의 온실가스 감축과 기후변화 적응을 지원하기 위한 유엔(UN) 산하의 국제기구.

- 탄소배출권 거래제(ETS, Emission Trading System) : 온실가스 감축 의무가 있는 사업장, 혹은 국가 간 배출 권한 거래를 허용하는 제도.

- 국제탄소시장 메커니즘(IMM, International Market Mechanism) : 타국을 대상으로 하는 온실가스 감축사업 추진 및 거래, 국제적 배출권 시장 거래 등 시장 원리에 따른 온실가스 거래 체계.

- 청정개발체제(CDM, Clean Development Mechanism) : 선진국이 개도국에서 온실가스 감축사업을 수행해 달성한 실적을 해당 선진국의 온실가스 감축 목표 달성에 활용할 수 있도록 한 제도.

- 백로딩(backloading) 제도 : EU ETS 시장에서 2009년부터 지속한 탄소배출권 과잉공급문제와 경기침체로 인한 가격 하락을 막기 위해 취한 단기적인 대응책으로, 2014~2016년에 유상으로 할당할 예정이던 약 9억 톤의 배출권 경매시기를 2019년 이후로 연기한 조치.

- 한국거래소(KRX, Korea Exchange) : 증권 및 파생상품 등의 공정한 가격 형성과 원활한 매매 및 효율적 시장관리를 목적으로 설립한 기관.

- 탄소 포집 및 저장(CCS, Carbon Capture & Storage) : 화석연료를 사용하는 발전소, 철강, 시멘트 공장 등 대량 배출원에서 나오는 이산화탄소를 대기에서 격리시키는 기술.

- 재생 에네르기법 : 북한이 제정한 재생 에너지 산업을 활성화해 경제를 지속적으로 발전시키고, 국토환경을 보호하는 데 이바지하는 것을 목적으로 한 법률

- 그린 데탕트(Green Détente) : 환경을 뜻하는 '그린'과 잠정적인 긴장완화를 뜻하는 '데탕트'의 합성어. 첨예한 군사 대치와 외교안보적 긴장이 고조돼 있는 한반도의 상황에서 비정치, 비군사적인 생태·환경 분야의 협력과 신뢰를 형성해 긴장완화와 평화공존을 구현함으로써 남북한의 상생과 공영을 도모하고 평화통일의 기반을 구축한다는 계획.

- 신재생 에너지 의무할당제(RPS, Renewable Portfolio Standard) : 발전 사업자의 총 발전량과 판매 사업자의 총판매량의 일정 비율을 신재생 에너지원으로 충당하도록 의무화하는 제도.

- 기술집행위원회(TEC, Technology Executive Committee) : 유엔기후변화협정(UNFCCC)하에서 환경친화기술 개발 및 이전 능력 강화에 필요한 정책 부문을 담당하는 구성조직.

3장

미래를 위한 약속,
지속 가능한 발전

전 지구적 목표는 지속 가능한 발전

우리는 지난 수세기 동안 인류 역사상 전례 없는 속도로 경제, 사회, 과학 그리고 문화의 발전을 이뤘다. 18세기 영국 산업혁명의 주역인 증기 기관의 발명은 상품의 생산과 물류의 이동을 획기적으로 개선해 경제 발전을 이끌었다. 영국에서 시작된 산업혁명은 전 세계로 빠르게 퍼져나갔으며, 이 때문에 전 지구의 자원과 에너지 소비가 크게 증가했다. 과학기술의 발전과 더불어 수명 또한 크게 늘어나 1800년대 10억 명 수준이었던 세계 인구는 2016년을 기준으로 74억 명에 이르렀다. 인구 증가와 더불어 경제, 사회, 문화, 과학의 발전에 따른 더 높은 수준의 삶의 질을 충족하기 위해 자원 소비량도 꾸준히 늘어났다.

경제학자 F. 크라우스만F. Krausmann 등에 따르면 건설 자원construction mineral, 산업 자원ores and industrial mineral, 화석 에너지 자원fossil energy carriers, 바이오메스의 총 사용량은 1900년과 비교해 2009년에는 10배 수준으로 급격하게 증가했다고 한다. 특히 건설 자원과 화석 에너지 자원의 소비량이 크게 늘었

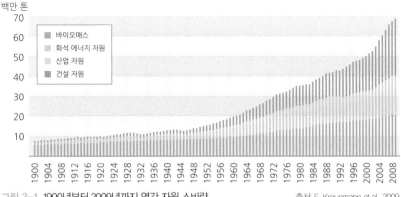

그림 3-1 1900년부터 2009년까지 연간 자원 소비량   출처: F. Krausmann et al., 2009

다. 또 자원 이용과 더불어 2008년의 에너지 소비량은 1850년과 대비해 18배 수준에 달한다고 했다.[2]

한편 1900년에 사용한 석탄량과 비등한 소비량을 갖고 있는 바이오연료는 그 증가량이 미미한 편이다. 석탄과 원유, 천연가스가 순차적으로 개발되면서 2008년에는 이들 에너지원이 전체 에너지 소비량의 75퍼센트 수준을 차지했다. 이처럼 지속 가능하지 않은 화석연료의 자원을 쓰고 에너지를 소모한 결과, 단기간에 대량의 온실가스를 대기 중으로 배출시켰고 기후에 영향을 미치기에 이르렀다.

기후변화, 인류의 인위적 영향이 확실시

1장에서 언급한 바와 같이 기후변화의 원인에는 태양 에너지의 변화흑점, 지구 공전궤도의 변화밀란코비치 이론, 화산 폭발과 지각 변동, 기후 시스템의 자연변동성 등 다양한 요인이 있다. 또한 제5차 정부 간 기후변화 협의체IPCC 평가보고서는 기후 시스템에서 인위적 영향이 확실하다고 평가했다. IPCC는 해당 보고서에서 인간이 초래한 기후변화 원인으로 온실가스 및 에어로졸의 증가, 삼림 파괴 등을 주목했다. 그리고 20세기 후반에 나타난 지구온

---

2) F. Krausmann et al., Growth in global material use, GDP and population during the 20th century, Ecological Economics, 68, updated to 2009.

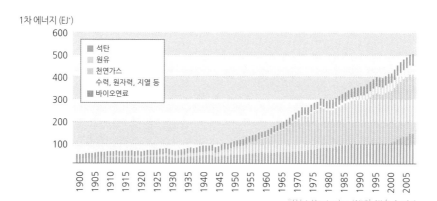

1차 에너지 (EJ*)

- 석탄
- 원유
- 천연가스
- 수력, 원자력, 지열 등
- 바이오연료

*EJ : Exajoules (10의 18승 Joule)

그림 3-2 **1900년부터 2008년까지 인류의 연간 1차 에너지 소비량**
출처: "Energy transitions," in Encyclopedia of Earth, 2008

난화가 인류의 영향 때문일 가능성이 대단히 높다고 판단했다.

기후변화의 영향을 생각하면 평균기온과 해수면의 상승 같은 간접적인 예들이 먼저 떠오른다. 하지만 구체적인 현상이 이런 결과를 만들었다는 것을 잊어선 안 된다. 집중호우, 태풍, 폭염, 가뭄, 등의 극한기후현상이 자주 발생해 자연재해를 일으킨다. 그 결과 피해가 증가하면서 산림이 변화하고, 해양생태계, 농업, 수산업도 변화해서 우리 식생활에 큰 영향을 미친다. 기후변화로 전 지구적 식량문제까지 발생한다. 그뿐인가. 폭염과 전염병으로 사망률이 증가할 가능성도 높다. 이런 문제를 해결할 대응책이 필요한 시점이다.

유엔은 2015년 9월, 전 세계 193개국의 동의를 얻어 2030년을 목표로 17개의 지속 가능한 발전 목표SDGs, Sustainable Development Goals를 수립했다.[3] 이 지속 가능한 발전 목표에는 크게 두 가지가 있다. 지속해야 할 세 가지 분야와 개선·발전해야 할 세 가지 분야의 목표이다. 먼저 지속해야 할 세 분야는 자연nature, 생명 지원life support, 공동체community가 있다. 자연 분야는 자연 보호를, 생명 지원 분야는 자연과 자원의 지속 가능한 소비를, 공동체 분야는 평

---

3) Sustainable Development Goals, UNDP.

관측현황	열대저기압 (태풍) 세기		호우 현상 빈도, 세기 증가 온난기간/열파 빈도, 기간 증가 극한 고해수면 빈도, 세기 증가 가뭄 세기, 기간 증가	추운 낮과 밤 온난화, 감소 더운 낮과 밤 온난화, 증가	
인위적인 원인	열대저기압 (태풍) 세기 가뭄 세기, 기간 증가 호우 현상 빈도, 세기 증가		온난기간/열파 빈도, 기간 증가	극한 고해수면 빈도, 세기 증가 추운 낮과 밤 온난화, 감소 더운 낮과 밤 온난화, 증가	
미래 전망 (21세기 중반)	열대저기압 (태풍) 세기 가뭄 세기, 기간 증가		극한 고해수면 빈도, 세기 증가 호우 현상 빈도, 세기 증가 더운 낮과 밤 온난화, 증가 추운 낮과 밤 온난화, 감소		
미래 전망 (20세기 말)		열대저기압 (태풍) 세기	가뭄 세기, 기간 증가 호우 현상 빈도, 세기 증가	극한 고해수면 빈도, 세기 증가 온난기간/열파 빈도, 기간 증가	더운 낮과 밤 온난화, 증가 추운 낮과 밤 온난화, 감소
낮은 신뢰도	발생하지 않을 가능성보다 발생할 가능성 높음	가능성 높음	가능성 매우 높음	사실상 확실함

그림 3-3 극한현상의 관측, 전망과 인위적인 영향   출처: IPCC, 2013

화로운 사회를 다루고 있다.

개선·발전해야 할 세 분야는 사람people, 경제economy, 사회society가 꼽힌다. 사람 분야는 빈곤과 기아, 건강, 평등한 교육과 권리 등 인간의 기본적인 부분을 다루며, 경제 분야는 품격 있는 일자리, 불평등 감소, 지속 가능한 경제 활동 등을 다루고 있다. 사회 분야는 지속 가능한 발전과, 평화롭고 차별 없는 사회를 위한 기구 설치 또는 파트너십의 강화를 다룬다. 이것이 2030년을 목표로 수립한 총 17개의 지속 가능한 발전 목표의 내용이다.

그림 3-4 UN의 17가지 지속 가능한 발전 목표(SDGs)

〈UN의 17가지 지속 가능한 발전 목표^{SDGs}〉

1. No poverty, 모든 곳에서 모든 형태의 빈곤을 종식시킨다^{End poverty in all its forms everywhere}.

2. Zero hunger, 기아의 종식과 식량안보, 영양상태의 개선을 달성하고, 지속 가능한 농업을 강화한다^{End hunger, achieve food security and adequate nutrition for all, and promote sustainable agriculture}.

3. Good health and well-bing, 모두를 위해 전 연령층의 건강한 삶을 보장하고 복지를 증진한다^{Attain healthy life for all at all ages}.

4. Quality education, 모두를 위해 포용적이고 공평한 양질의 교육을 보장하며 평생교육 기회를 증진한다^{Provide equitable and inclusive quality education and promote lifelong learning opportunities for all}.

5. Gender equality, 성평등을 달성하고 여성과 여자아이의 역량을 강화한다^{Achieve gender equality and empower all women and girls}.

6. Clean water and sanitation, 모두에게 깨끗한 물 그리고 위생시설의 이용과 지속 가능한 관리를 보장한다 Ensure availability and sustainable management of water and sanitation for all.

7. Affordable and clean energy, 모두를 위한 적절한 가격의 신뢰할 수 있고, 지속 가능한 현대적인 에너지에 접근하도록 보장한다 Ensure access to affordable, reliable, sustainable, and modern energy for all.

8. Decent work and economic growth, 모두를 위해 지속적이고 포괄적이며, 지속 가능한 경제성장과 생산적인 완전고용 그리고 양질의 일자리를 늘려나간다 Promote sustained, inclusive and sustainable economic growth, full and productive employment and decent work for all.

9. Industry, innovation and infrastructure, 복원력 높은 사회기반시설을 구축하고, 포괄적이고 지속 가능한 산업화와 혁신을 장려한다 Build resilient infrastructure, promote inclusive and sustainable industrialization and foster innovation.

10. Reduced inequalities, 국가 내, 국가 간의 불평등을 감소시킨다 Reduce inequality within and among countries.

11. Sustainable cities and communities, 포괄적이며 안전하고 복원력 있고 지속 가능한 도시와 주거지를 조성한다 Make cities and human settlements inclusive, safe, resilient and sustainable.

12. Responsible consumption and production, 지속 가능한 소비 및 생산 방식을 보장한다 Ensure sustainable consumption and production patterns.

13. Climate action, 기후변화와 이에 따른 영향에 맞서기 위해 긴급한 대응을 취한다 Take urgent action to combat climate change and its impacts.

14. Life below water, 지속 가능한 발전을 위해 대양, 바다, 해양자원을 보존하고 지속 가능하도록 사용한다 Conserve and sustainably use the oceans, seas and marine resources for sustainable development.

15. Life and land, 육지생태계를 보호하고 복원하며 지속 가능하게 사용하고, 삼림을 지속 가능하게 관리하며, 사막화를 방지하고, 토지황폐화를 중지하고 복원하며, 생물 다양성의 손실을 멈춘다Protect, restore and promote sustainable use of terrestrial ecosystems, sustainably manage forests, combat desertification, and halt and reserve land degradation and halt biodiversity loss.

16. Peace, justice and strong institutions, 지속 가능한 발전을 위해 평화롭고 포용적인 사회를 증진시키고, 모두를 위한 정의에 접근할 수 있도록 하며, 효과적이고 책임성 있고 포용적인 제도를 구축한다Promote peaceful and inclusive societies for sustainable development, provide access to justice for all and build effective, accountable and inclusive institutions at all levels.

17. Partnerships for the goals, 이행수단을 강화하고 지속 가능한 발전을 위한 글로벌 파트너십을 강화한다Strengthen the means of implementation and revitalize the global partnership for sustainable development.

주요 선진국의 지속 가능한 기후변화 대응 방안

여러 지속 가능한 발전 목표 가운데 우리가 주목할 부분은 13번째 목표인 기후변화 대응이다. 1장에서 다루었듯이 2015년 12월 파리협정에서 대기 중 온실가스 농도의 안정화를 위해 전 세계 온실가스 감축을 합의했으며, 감축 의무 부담 주체는 선진국뿐만 아니라 개도국 모두 포함했다. 모든 국가는 기한 내 설정한 온실가스 배출 감축 목표를 달성하고, 초과 배출량에 비용을 지출해야 한다. 여기에 대비해 여러 선진국에서는 온실가스 배출량 저감과 지속 가능한 발전을 위한 정책을 시행하고 있다.

미국의 경우 2009년 4월 버락 오바마 대통령은 에너지부 산하기관인 에너지 첨단연구 프로젝트 사무국ARPA-E, Advanced Research Projects-Energy에 예산을 배정했다. 이를 토대로 에너지 저장장치energy storage 6개 분야, 바이오매스 에너지biomass energy 5개 분야, 탄소 수집carbon capture 5개 분야, 태양 연료solar fuels 5개 분야, 자동차 기술vehicle technologies 5개 분야, 신재생 에너지renewable power 4개 분야, 건물 효율building efficiency 3개 분야, 폐열 활용waste heat capture 2개 분야, 전통적 에너지conventional energy 1개 분야, 물water 1개 분야 등의 프로젝트를 적극 추진한다고 발표했다. 그리하여 온실가스 배출량 저감과 기후변화 대응기술 개발을 목표로 밀고 나간다는 포부도 함께 밝혔다.

미국은 2015년 청정발전계획Clean power plan에 따라 2030년까지 2005년 대비 미국 내 온실가스 배출량 감축 목표를 32퍼센트로 설정했다. 그리고 재생 에너지 및 청정연료 사용 비중 목표를 22퍼센트에서 28퍼센트로 대폭 상향 조정했다.

독일은 더 도전적인 비전을 제시했다. 온실가스의 주요 배출을 원천적으로 차단하기 위해 에너지 분야를 100퍼센트 신재생 에너지로 대체하겠다는 목표를 세웠다. 그리고 이미 2011년부터 태양광 발전시설을 확충해 피크 전력 부하를 해소하고 있다. 또한 2050년까지 태양광 발전 62.4퍼센트, 풍력 발전 35퍼센트를 이용해 신재생 에너지만으로 전력을 공급하겠다는 목표도 설정했다.

영국은 2050년까지 1990년 대비 온실가스 배출을 80퍼센트 저감하는 것

표 3-1 미국고등연구계획국-에너지 분야 프로젝트(2009년 4월 27일 기준)

미국고등연구계획국-에너지 분야 프로젝트	
주제	프로젝트 수
에너지 저장장치(Energy Storage System)	6
바이오매스 에너지(Biomass Energy)	5
탄소 수집(Carbon Capture)	5
태양 연료(Solar Fuels)	5
자동차 기술(Vehicle Technologies)	5
신재생 에너지(Renewable Power)	4
건물 효율(Building Efficiency)	3
폐열 활용(Waste Heat Capture)	2
전통적 에너지(Conventional Energy)	1
물(Water)	1

출처 : 미국고등연구계획국(Advanced Research Projects Agency), 2009

을 목표로 세웠고, 풍력과 태양광 발전으로 이를 달성할 계획이다. 2015년에 이미 재생 전력 생산량이 석탄과 화력 생산량을 넘어섰으며, 그 격차는 더 벌어질 전망이다.

- **지속 가능한 발전의 '의의'** : 성장 위주의 무분별한 자원소비와 이로 인한 환경 파괴의 문명 발전 방식을 계속 유지한다면 기후변화와 이로 인한 잠재적 영향이 인류의 생존을 위협하게 될 것이라는 인식하에 새로운 지속 가능한 개발 방식이 필요하다는 점에 전 지구적 합의가 이뤄졌다. 이를 통해 미래세대의 풍요로운 삶을 보장하고, 현재 세대의 필요 또한 충족하는 지속 가능한 발전을 위해 2015년 9월 전 세계 193개국의 동의를 얻어 지속 가능한 발전 목표를 수립했다.
- **지속 가능한 발전의 '한계'** : 개발과 보전을 동등하게 달성하기 위한 지속 가능한 발전을 이루려면 자연(nature), 생명 지원(life support), 공동체(community), 사람(people), 경제(economy) 그리고 사회(society) 등 다양한 분야에서 전 지구적인 노력이 필요하다.
- **지속 가능한 발전의 '전망'** : 파리협정에 따라 주요 선진국을 비롯해 전 세계가 온실가스 감축을 합의했다. 이로써 온실가스 배출량을 저감하기 위한 기후변화 대응기술과 더불어 지속 가능한 발전을 위해 정책적 보조에 대한 필요성이 증가하고 있다. 다가오는 기후변화를 맞이해 인류 번영, 나아가 인류의 생존을 보장하기 위해서 지속 가능한 발전에 대한 수단과 강제력을 동원해 전 지구적 규모로 이행하려는 움직임을 보이고 있으며 앞으로도 더욱 확대될 전망이다.

지속 가능한 발전을 위한 미래 에너지 전략

우리나라는 5년마다 에너지 기본계획을 수립해 중장기적 에너지 정책의 목표와 에너지원별 추진계획을 제시한다. 2014년 2월, 산업통상자원부는 2008~2030년 기간의 제1차 에너지 기본계획에 이어 2013~2035년 기간의 제2차 에너지 기본계획안을 최종 공표했다. 제2차 에너지 기본계획에서 에너지 소비와 온실가스 배출량을 각각 기존 대비 15퍼센트, 20퍼센트를 감소해 에너지 절약과 환경보전을 동시에 달성한다는 목표를 세웠다. 그러기 위해서 에너지 시장의 변화와 환경을 고려해 2011년 65.8퍼센트였던 화석 에너지석유 및 석탄의 수요를 2035년까지 52퍼센트로 낮추기로 했다. 그리고 전력 수요의 증가 폭을 선진국 수준으로 억제해, 2011년 기준 19퍼센트에서 2035년 기준 27.2퍼센트만 늘리는 것을 목표로 설정했다.[4]

제2차 에너지 기본계획에 따르면 전력 수요는 다른 에너지원에 비해 높은 증가폭을 갖는데, 이러한 증가폭은 한국뿐 아니라 세계적인 추세다. 전기 에너지가 널리 쓰이는 이유는 첫째, 다루기 쉽다는 특성에 있다. 전선 또는 송수신기와 같은 전용 유통선만 확보된다면 간단한 스위치 조작으로 사용이

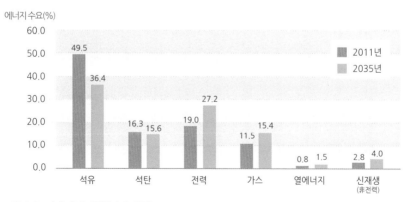

그림 3-5 미래 에너지원별 수요 전망　　　　　　　　　출처: 산업통상자원부, 2014

---

4) 제2차 에너지기본계획, 산업통상자원부, 2014.

가능하다는 장점이 있다. 두 번째 이유는 석유, 석탄과 같은 저장설비가 필요 없기 때문이다. 마지막으로 전기 에너지의 이동 속도는 빛과 같으며, 이는 공급과 소비가 동시에 이뤄지는 특성을 동반한다. 따라서 미래 에너지 분야의 가장 큰 해결 과제에는 두 가지가 있다. 그 한 가지는 큰 폭으로 증가하는 전력 수요에 맞춰 친환경적인 방법을 통해 안정적으로 공급하는 것과 전력에 지나치게 의존하는 것을 억제하는 방안이 그것이다.

저탄소 에너지 시스템 구축을 통한 새로운 미래에너지 창출

1990년대 이전의 전력산업은 공급자 중심의 시대였다. 화석연료를 기반으로 전력망을 독점해 안정적 공급과 보편적 서비스만을 염두에 뒀다. 하지만 전반적인 산업, 특히 IT 분야가 기술적으로 급격하게 발전해 양상이 달라졌다. 에너지 고갈, 기후문제, 환경변화와 같은 문제점이 새로 등장한 것이다. 이 때문에 1990년 이후부터 2010년도 최근까지 전력산업도 변화를 겪을 수밖에 없었다. 그리고 앞으로는 발전과 인프라 구축에 이어 시장까지 전 부분에서 더 크고 많은 변화가 있으리라 전망한다.

현재의 전력 발전은 석유자원을 원료로 하는 1차 에너지에서 전기 에너지로 변환하는 방식을 쓰고 있다. 그런데 이런 방식은 환경문제를 일으킬 뿐만 아니라, 석유는 언젠가는 고갈되는 한정된 자원이므로 대체 에너지원이 반드시 필요하다. 가까운 미래에는 신재생 에너지를 공급자원으로 이용하고, 수요자원은 전력수요의 관리로 전기 에너지의 효율적 사용이 가능할 것이다. 그리고 더 먼 미래에는 우주에서 전기 에너지를 생산해 고밀도 무선 전력전송 기술을 써서 지구로 송전하고, 이를 이용하는 방식으로 에너지난을 극복하는 것까지 고려해야 할 것이다.

국제에너지기구IEA, International Energy Agency는 '세계에너지전망WEO, World Energy Outlook'을 발간해 재생 에너지를 포함한 에너지 수요와 '에너지 공급믹스'를 전망하고 있다. 에너지 공급믹스란 '석유·석탄 같은 기존 에너지에 태

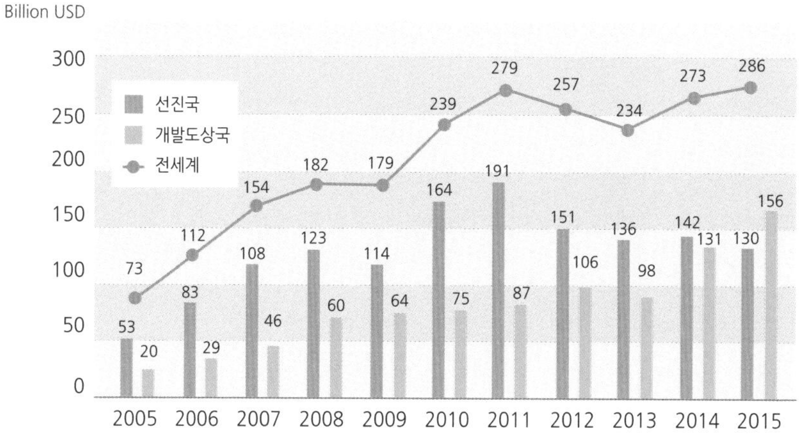

Billion USD

그림 3-6 재생 에너지 발전(대수력 제외)과 연료(바이오) 분야에 대한 세계 신규 투자(2005-2015년)
출처: REN21, 2016

양광 에너지 같은 신에너지, 재생 에너지를 다양하게 융합해 폭발적으로 증가하는 에너지 수요에 적절하게 대응하는 것'을 말한다. 2015년 11월에 발간한 국제에너지기구 '세계에너지전망 2015'에 따르면 이미 모든 시나리오에서 재생 에너지의 비중이 증가하는 것으로 나타났다. 또한 시장분석기관인 뉴 에너지 파이낸스BNEF, Bloomberg New Energy Finance 평가에 따르면, 2015년 신재생 에너지 발전과 바이오연료 분야에 대한 전 세계 투자액은 2,860억 달러약 323.6조 원로 역대 최고치를 기록했다.[5] 50MW 이상 대용량 수력발전을 포함한다면 재생 에너지 발전과 연료 분야의 투자액은 약 3,290억 달러로 늘어난다. 이는 지속 가능한 발전을 위해 환경을 고려한 전력산업의 비중이 높아지는 것을 뜻한다.

전력계통 인프라 분야에서는 송전 선로 설치 등 송전망 구축과 발전소 건설에 막대한 비용과 시간이 든다. 이 문제는 마이크로그리드MG, Microgrid, 에너지저장장치ESS, Energy Storage System, 지능형 전력계량인프라AMI, Advanced

---

5) Renewable energy Policy Network for the 21st Century(REN21), Renewables 2016 Global Status Report, 2016.

Metering Infrastructure 등으로 해결하는 방법이 있다. [6]

신호전달에서 무선방식이 성공하면서 무선통화가 더는 신기한 기술이 아닌 세상이 되었다. 마찬가지로 다가올 미래에는 에너지 유선통로가 없어지는 것이 기정사실로 되고 있다. 공상과학 영화에서 등장하던 만물을 무선으로 연결하는 장면이 현실에서 이뤄질 가능성이 높다. 가정 또는 사무실에서는 전선이나 케이블을 찾아볼 수 없게 되고, 언제 어디서나 전기를 이용하게 돼 사용자에게 최적의 이동성과 편의성을 제공할 것이다.

마지막으로 전력시장 측면에서는 소비자의 참여가 이뤄지고, 저탄소 연료의 사용, 전력망 개방 시스템 도입 등 효율적인 전력공급과 함께 이산화탄소 배출을 절감할 수 있는 시대가 됐다. 또한 IT 산업의 발달과 함께 전력거래가 일반 상품거래와 같은 형태를 띠게 되면서 전력거래 시장이 20세기 말에 형성되기 시작했다. 따라서 앞으로는 전력거래 시장이 확대돼 국가 간 교역까지 일어날 것으로 전망된다. 그뿐만 아니라 신재생 에너지 의무할당제 RPS, Renewable Portfolio Standard, 탄소배출권 거래제ETS, Emission Trading System, 스마트그리드 등 저탄소 에너지 시스템을 구축해 에너지 부족 해결, 탄소 감축, 소비자 참여가 모두 가능한 새로운 미래 에너지 시대를 창출할 것이다.

기존의 에너지 기술은 대규모 화석연료를 기반으로 한 집중형 전원과 송전계통 위주의 전기 에너지 산업과 나란히 함께했다. 그러나 과거 자동차가 자가용화되었듯이, 미래에는 신재생 에너지를 기반으로 전원의 경제성을 확보하면서 발전기의 소형화, 더 나아가 사유화가 일어날 것이다. 미래의 에너지 기술 발전은 여러 방향으로 점점 변모할 것이다. 이를테면 신재생 에너지 기반의 분산형 전원을 위한 소형화, 고효율화 기술과 소비자 정보를 기반으로 한 정보통신기술, 나노 소재기술, 바이오 에너지기술 등으로 바뀌리라 예상한다. 특히 미래 전력기술은 에너지, 전력, 신호, 정보통신기술 등이 융·복합한 지능형 전력정보기술로 변화하고, 전력설비 네트워크 기술, 전력 부

---

6) 스마트그리드의 에너지 절약 및 온실가스 감축 효과분석 연구, 지식경제부, 2009.

가서비스 기술도 함께 발달하는 이른바 스마트그리드로 전기 에너지 산업의 패러다임이 옮겨갈 것이다.

스마트그리드로 변화하는 전기 에너지 산업의 패러다임

스마트그리드smart grid란, 전기 및 정보통신기술을 기반으로 전력망을 지능화·고도화해 고품질의 전력서비스를 제공하고 에너지 이용효율을 극대화하는 전력망을 뜻한다. 스마트그리드는 국가적 차원의 에너지플랫폼이며, 에너지 안보security를 확보하고, 저탄소 녹색성장green growth을 구현하며 소비자 참여를 촉진시키는 것을 목적으로 한다.[7] 이를 바탕으로 고효율, 고품질, 고신뢰도의 전력을 공급하고, 에너지부족, 탄소감축, 소비자 참여와 관련해 공급과 수요라는 측면에서 탄력적으로 대응하는 기반을 제공한다. 스마트그리드의 기술 개발 분야는 다음과 같이 크게 5대 분야로 나눈다.[8]

첫째, 기존의 전력망에 정보·통신기술을 접목해 전력망의 신뢰도와 운용 효율을 향상시키는 지능형 전력망 기술이 있다. 지능형 전력망 기술은 크게 지능형 송전 시스템, 지능형 배전 시스템, 지능형 전력기기 그리고 지능형 전력통신망 기술로 구성된다. 디지털 변전소, 지능형 배전, 지능형 전력기기, 광역감시 시스템WAMS, Wide Area Monitoring System, 광역제어 시스템WACS, Wide Area Control System 등을 포함한다.

둘째, 양방향 통신 인프라를 접목해 소비자에게 고품질의 서비스를 제공해 에너지 효율을 향상시키는 기술인 지능형 소비자 기술이 있다. 지능형 소비자 기술은 크게 첨단계량인프라AMI, Advanced Metering Infrastructure 기술, 에너지 관리 시스템EMS, Energy Management System 기술, 양방향 통신 네트워크 기술로 구성된다. 그린빌딩, 그린공장, 빌딩용 에너지 관리 시스템, 공장용 에너지 관리 시스템 등을 포함한다.

셋째, 전력망과 전기차가 양방향으로 자유로운 접속이 가능하게 해서 새

---

7) 한국전력공사, http://home.kepco.co.kr
8) 스마트그리드 국가로드맵, 지식경제부, 2010.

표 3-2 스마트그리드 기술 개발 분야별 핵심기술 및 기술 구분 예시

스마트그리드 기술 개발 분야	기술 개요	핵심기술	기술 구분
지능형 전력망	-기존 전력망에 정보·통신 기술 접목 -전력망의 신뢰도 및 운용 효율 향상	송전 시스템	WAMS, WACS, 디지털변전 시스템 등
		배전 시스템	분산전원, AMI, 스마트 개폐기 등
		전력기기	WAMS, WACS, AMI 등
		전력통신망	유·무선의 전력통신망
지능형 소비자	-양방향 통신기술 접목 -서비스 제공을 통한 에너지 효율 향상	AMI	스마트미터, 가정용 기기 등
		EMS	데이터 수집 시스템, 데이터베이스 구축 등
		양방향 통신 네트워크	Zigbee 방식, 고속 전력선통신 방식 등
지능형 운송	-전력망과 전기차 간 양방향 접속	부품·소재	전기모터, 배터리, 배터리관리 시스템 등
		충전 인프라	급속·완속 충전기, 충전 인터페이스 부품 전기차 ICT 서비스 시스템 등
		V2G	전력망과 전기차 배터리 전원의 연계
지능형 신재생	-신재생 발전원과 기존 전력망 간 안정적 연계	마이크로그리드	분산전원, 지역적 전기-열 에너지 공급체계 등
		에너지저장	배터리, 플라이휠, 압축공기저장장치 등
		전력품질 보상	전력품질 유지기술
		전력거래 인프라	실시간 계량을 위한 통신체계, 분산발전원 제어체계
지능형 서비스	-다양한 전기요금제도 개발 -소비자 전력거래 시스템 구축 -수요반응 및 지능형 전력 거래 등 다양한 사업 가능	지능형 요금제	실시간 요금제, 용도별 요금제 등
		지능형 수요반응	부하자원 분석, 시스템 신뢰도 향상 및 비용절감 극대화
		지능형 전력거래	입찰/거래 시스템, 에너지 효용 극대화

출처 : 스마트그리드 국가로드맵, 지식경제부, 2010

로운 비즈니스를 창출하는 지능형 운송기술이 있다. 지능형 운송기술은 부품·소재 기술, 충전 인프라 기술, 전기차 역송전V2G, Vehicle to Grid 기술로 구

성된다. 파워트레인, 충전인프라, V2G 시스템, V2G용 전력변환 시스템PCS, Power Conversion System, 모바일 자산관리 시스템 등을 포함한다.

넷째, 신재생 에너지 보급에 제한요소를 극복해 신재생 발전원을 기존의 전력망에 안정적으로 연계하도록 하는 기술인 지능형 신재생 기술이 있다. 지능형 신재생 기술은 크게 마이크로그리드 기술, 에너지저장기술, 전력품질 보상기술, 전력거래 인프라 기술로 구성된다. 신재생 발전 연계 안정화 장치, 배전급 마이크로그리드용 운용기기, 마이크로그리드 시스템 등을 포함한다.

다섯째, 지능형 서비스 기술이 있다. 이 기술은 다양한 전기요금제도를 개발하고 소비자 전력거래 시스템을 구축한다. 이 시스템이 수요반응 및 지능형 전력거래 등과 같은 다양한 사업을 가능하게 만들어 전력망의 효용을 증대시킨다. 지능형 서비스 기술은 크게 지능형 요금제 기술, 지능형 수요반응 기술, 지능형 전력거래 기술로 구성된다. 수요자원 관리사업, 실시간 수요반응DR, Demand Response 시장, 전력파생상품, 국가 간 전력거래 등을 포함한다.

수요자 중심의 새로운 에너지 시스템 전환이 필요하다

기술적 변모만으로 에너지 문제를 해결하려는 전략은 불완전하다. 기술의 역사와 발전은 기술을 개발하는 기업과 학계의 노력으로만 이뤄지는 게 아니기 때문이다. 기술을 연구할 전문가 육성, 발전을 지원할 실무자 그리고 환경을 만들어줄 정책 등 모든 요소가 하나로 뭉쳐야 가능하다. 따라서 추가적으로 신기후체제 시대에 대응하는 합리적인 정책 및 제도와 함께 발전하는 전략이 꼭 필요하다.

안정적인 에너지 수급과 기후변화 대응을 동시에 충족하기 위해서는 기존의 공급중심의 에너지정책을 수요관리 중심으로 전환해야 한다. 그리고 수요자 중심의 에너지 시스템 전환을 대비해 융·복합기술 및 시장 중심의 연구개발R&D 확대와 같은 패러다임 전환도 필요하다. 신기후체제에서는 기존의 공급중심의 에너지정책이 지속 가능할지 불투명하다. 그래서 더더욱 신재생 에너지의 확대가 절실히 필요하다. 그러나 신에너지로 분류되는 원전에 대한 사회적 수용성이 부족한 까닭에, 자칫 지속 가능한 공급이 가능한 신재생 에너지도 비슷한 평가를 받아 그 영향이 제한되지 않을까 염려스러운 면도 있다.

또한 주력산업 및 에너지 다소비 업종의 고효율 저탄소화 지원체계를 구축해야 한다. 그래서 감축정책과 산업정책의 조화를 꾀해야 한다. 기존의 규제 중심의 감축정책은 산업 발전에 대한 신호와 방향성 제시에 어려움이 있기 때문이다. 따라서 감축정책과 제조혁신의 통합적 추진으로 산업 생산 시스템 전반의 에너지 효율화와 저탄소화를 달성할 수 있는 정책적 조화가 필요하다. 업종별 또는 사업장별 배출원 단위 관리를 위한 인센티브 및 지원 시스템 구축을 검토하는 방안도 있다.

무엇보다도 수요자 중심의 에너지 시스템 전환을 대비해 융·복합기술 및 시장중심의 연구개발을 확대하는 것이 중요하다. 기존의 단위기술 중심의 연구개발은 에너지 시장 전반의 요구에 유연성이 부족할 수밖에 없다. 그래서 기후변화 대응과 산업 경쟁력을 높이는 융합적인 관점에서의 접근이 필요하다. 기존 요소기술을 고도화하는 연구개발을 지속하면서 정보통신기술ICT, Information and Communication Technology, 빅데이터, 에너지 기술 등 여러 부문의 융·복합을 통한 시장중심의 연구개발을 추진하는 동시다발적인 진행 시스템 구축으로 개선할 수 있다.[9] 기술집행위원회TEC, Technology Executive Committee나 기후기술센터 및 네트워크를 적극 활용하는 것도 한 가지 방법이다.

마지막으로 에너지 산업과 타 산업의 융·복합을 고민해야 한다. 새로운 비즈니스 모델을 개발하고, 부가가치를 창출해 민간의 자발적 참여와 장기 투자를 유인해내는 제도 개선도 필요하다. 신규 에너지 인프라에 대한 민간

9) 에너지 부문 정보통신 융합의 전개구도와 영향, 에너지경제연구원, 2015.

투자를 촉진하고 소비자의 역할을 증대하는 등의 전략도 시도해야 한다. 경쟁적인 시장구조와 민간주도의 시장형성을 유발해 에너지 신산업의 기반을 제도적으로 마련하는 방안도 고려해봐야 한다.

- **미래의 주요 에너지 변화의 '의의'** : 화석 에너지 자원이 감소하고, 신재생 에너지원이 새롭게 부상하는 것과 같이 에너지 공급형태는 변화한다. 하지만 전력 수요는 지속적으로 증가할 것이다. 또한 전력수요의 관리방식에도 변화가 생기고, 스마트그리드, 저탄소 에너지 시스템 구축 등으로 새로운 에너지 시대로 진입할 것이다.
- **과거 에너지 사업의 '한계'** : 화석연료 기반의 과거 전력산업은 자원을 고갈시키고, 탄소배출에 따른 기후문제 및 환경변화를 야기한다.
- **미래 에너지 전략 '전망'** : 신에너지 및 신재생 에너지 기술, 정보통신기술, 부가서비스 기술 등 다양한 기술이 에너지 산업 분야에 융·복합될 것이다. 따라서 에너지 안보 해결, 탄소배출 저감, 효율적 전력 공급이 가능한 새로운 미래 에너지 시대로 변모할 필요가 있다.

온실가스 감축을 위한 제도적 방안

1987년 유엔 세계 환경 개발 위원회WCED, World Commission on Environment and Development는 '우리 공동의 미래Our common future'라는 보고서를 발표했다. 이 보고서는 처음으로 지속 가능한 발전sustainable development이라는 개념을 제시했고, 이후 해당 개념은 전 세계 환경운동 및 기후변화 대응체제의 근본적인 뿌리가 되었다.

우리나라에서는 2009년부터 환경 보전과 사회경제 발전이 조화를 이루어야 한다는 '녹색성장'이 새로운 패러다임으로 떠올랐다. 그 결과 기후변화 대응에 관심이 증가했으며, 기후변화의 원인인 온실가스 감축 목표를 설정하고 달성을 위해 제도적으로 노력하는 데 바탕이 됐다.

우리나라도 온실가스 감축 참여가 의무화되다

1장에서 다뤘듯이 교토의정서는 1997년 12월에 체결한 기후변화 협정서로 산업발전에 따라 증가한 온실가스를 감축시키고자 여러 국가가 머리를 맞대어 만든 것으로 2005년 2월 16일에 공식 발효되었다. 교토의정서는 의무 이행 기간을 크게 두 개의 기간으로 나눈다. 1차 기간은 2008 ~ 2012년까지이며, 2차 기간은 포스트 교토의정서 기간으로 2013 ~ 2017년까지이다.

1차 기간에는 캐나다, 미국, 일본, 유럽연합 회원국 등 총 38개국이 의무이행 당사국이었는데, 1990년 대비 온실가스 배출량을 평균 5.2퍼센트 이상 감축하는 것이 목표였다. 우리나라는 2002년 11월 8일에 교토의정서를 비준했으나, 그 당시 비부속서 I에 속해 의무감축 대상에서 제외됐다. 그러나 온실가스 감축과 기후변화 적응에 관한 보고와 계획 수립·이행 등 일반적인 의무는 지게 됐다.

2차 기간에 우리나라는 멕시코와 더불어 의무감축 대상국 지정이 유력했다. 그러나 아이러니하게 현재도 개도국으로 분류돼 제외되는 바람에 불행

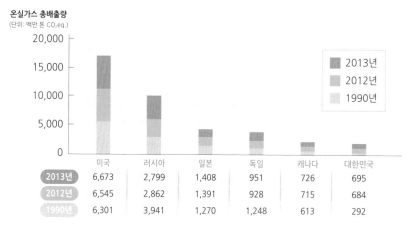

온실가스 총배출량
(단위: 백만 톤 CO₂eq.)

	미국	러시아	일본	독일	캐나다	대한민국
2013년	6,673	2,799	1,408	951	726	695
2012년	6,545	2,862	1,391	928	715	684
1990년	6,301	3,941	1,270	1,248	613	292

그림 3-7 OECD 회원국 대상 온실가스 총배출량 중 한국 순위   출처 : OECD 데이터(data.oecd.org)

인지 다행인지 교토의정서 2차 기간 의무감축 대상에서도 제외되었다. 참고로, 우리나라는 유엔기후협정UNFCCC, United Nations Framework Convention on Climate Change에 따른 온실가스 의무감축국부서 1들과 비교했을 때, 온실가스 총배출량이 미국, 러시아, 일본, 독일, 캐나다 다음인 6위이다그림 3-7 참조. 하지만 중국, 인도 등의 온실가스 다배출국을 온실가스 의무감축국에 포함하지 않았으므로, 해당 국가를 포함하면 우리나라의 전 세계 총배출량 순위는 8위에 해당할 것으로 추측한다. 우리나라의 온실가스 배출 증가 속도는 지난 1990 ~ 2008년 동안 타 OECD 국가들과 비교해 가장 빠르게 증가하고 있다. 에너지 부문 1인당 이산화탄소 배출량도 2012년 기준 11.8톤으로 세계 평균치인 4.5톤에 비하면 월등하게 높다.

그러다 2015년 12월 파리협정의 채택으로 우리나라도 온실가스 감축 참여가 미침내 의무가 됐다.[10] 이런 기조에 발맞춰 우리정부는 국제사회의 기후변화 대응 노력에 적극 참여할 것을 표명하며, 2030년 온실가스를 '배출전망치BAU, Business As Usual 대비 37퍼센트 줄이기'로 목표를 세우고 국무회의에서 결정했다.

---

10) 2015 국가 온실가스 인벤토리 보고서, 온실가스종합정보센터, 2015.

온실가스 감축 목표 달성을 위한 다양한 방안

우리나라는 온실가스에 대한 국제적 책임과 녹색기후기금GCF, Green Climate Fund 사무국 유치 등을 고려해 2030년까지 온실가스 감축 목표를 애초 감축 시나리오보다 상향 조정했다.[11] 결과적으로 에너지 신산업 발전과 제조업 산업구조 혁신이 우리에게 피할 수 없는 과제가 된 셈이다. 확정된 감축 목표량은 국내에서 25.7퍼센트, 국제시장을 통한 감축분 11.3퍼센트로 상당히 높은 수준이다. 이 때문에 산업계에서는 국내에서 이뤄질 제도의 변화에 관심을 기울이고 있다.

세계적으로는 온실가스 배출 감축 목표를 달성하기 위해 배출권거래제, 탄소세, 청정개발체제CDM, Clean Development Mechanism 사업 등 다양한 방안을 제안했고 이행하고 있다.

우리나라는 이명박 정권 때 녹색성장을 모토로 기후변화에 대한 정책을 시행하기 시작했으며, 2011년부터 배출권거래제를 논의했다. 당시 산업계는 자신들이 떠안아야 할 부담감 때문에 반발이 심했다. 현재 산업계가 중국과 경쟁구도를 가지고 있는데, 배출권거래제를 시행하면 부담이 가중된다는 것이 이유였다. 산업계는 수입과 수출이 주산업인 우리나라가 중국에 밀려서 경기에 큰 영향을 줄 것이라고 주장했다. 반발이 심해지자 정부는 한발 물러서는 태도를 취하며 '온실가스 에너지 목표 관리제'라는 새로운 제도를 내놓았다. 이렇게 해서 2012년부터 시행하려던 배출권거래제는 잠시 내려놓고 대신 온실가스 에너지 목표 관리제를 시작했다.

온실가스 에너지 목표 관리제란 각 기업이 일정한 수준만큼 온실가스 배출량을 감축하는 의무를 지고, 그 할당량을 채우지 못했을 경우 최대 100만 원의 벌금을 물게 하는 제도를 의미한다. 기존 배출권거래제와 비교하면 비용 부담이 현저히 줄기 때문에 산업계는 이를 받아들였고, 점차 이 제도에 적응해나가기 시작했다. 상황이 호전되는 것을 지켜본 정부는 1년 후 2013

---

11) 한국 기후변화 평가보고서 2014, 국립환경과학원, 2014.

년에 배출권거래제의 절차를 규격화해 관련법을 제정했고, 2년의 유예기간 이 지난 뒤 2015년부터 시행했다.

유럽연합의 배출권거래제 어떻게 시행 중인가?

현재 시행 중인 우리나라의 배출권거래제는 유럽연합EU과 상당히 유사한 성격을 띠고 있다. EU의 배출권거래제를 벤치마킹해 우리나라의 제도를 정비했기 때문이다.[12] 우리나라가 유럽연합의 배출권거래제를 벤치마킹한 이유는 산업구조가 우리와 같아서였다. 유럽연합의 배출권거래제는 크게 세 단계로 나눠 시행했는데, 지금도 진행 중에 있다. 1단계 사업2005~2007년은 배출량이 많은 대기업이나 에너지전환 부문과 산업 부문에 한정돼 시행했다. 2단계 사업2008~2012년은 배출량이 상대적으로 적은 중소기업을 포함해 항공 부문까지 확대했다. 그리고 3단계 사업2013~2020년에는 알루미늄, 화학 산업들까지도 추가해 시행하고 있다.

그렇다면 지금까지 유럽연합의 배출권거래제는 과연 성공했다고 말할 수 있을까? 유럽연합은 2013년에 1단계와 2단계가 끝난 뒤 그동안 시행한 배출권거래제의 성공 여부를 확인하기 위해 중간 점검을 실시했다. 그 결과 온실가스 배출량이 할당량보다 현저히 낮다는 결론이 났다. 그러나 해당 기간의 온실가스 배출감축은 외부 상황 때문에 생긴 일시적 현상일 뿐이었다. 2단계 사업 시작 무렵인 2008년과 2009년 사이에 발발한 전 세계적인 금융위기로 당시 기업이 불황을 겪고 있었던 것이다. 이 때문에 공장 가동률이 이전보다 현저히 줄어들었고, 온실가스 배출도 자연스럽게 감축하게 됐다. 다시 말해 온실가스 배출량 지감은 일종의 '착시효과'일 뿐이었던 것이다.

공장 가동률이 떨어져 온실가스를 할당량만큼 다 배출하지 못한 기업은 잉여 배출량을 가지게 됐다. 그리고 경제 불황으로 감소한 수입을 메우기 위해 너도나도 시장에 배출권을 내놓기 시작했다. 결과는 탄소배출권 가격의

---

12) 김은정, EU 배출권거래제 시장안정화 정책에 관한 연구, 한국법제연구원, 2015.

폭락으로 이어졌다. 이전까지 CO_2톤당 18~20유로를 상회하던 배출권거래제 가격이 3~4유로로 대폭 하락했다.[13] 유럽연합은 수입을 메우기는커녕, 부담만 더 커진 기업을 살리고자 3단계 사업 시행 때 새로운 시도를 했다.

바로 배출권거래제 시장의 활성화를 위해 시장에 나왔던 배출권 9억 톤을 유럽연합이 구입해 시장을 다시 초기화시킨 것이다. 그리고 2019년 이후에 다시 시장에 공급하는 백로딩backloading 제도를 시행했다.

국내 배출권거래제 비교적 성공적으로 진행 중

기업의 우려가 많았지만 국내 배출권거래제는 비교적 성공적으로 시행 중이다. 유럽연합의 배출권거래제를 우리나라 실정에 맞게 잘 수정한 뒤 순차적으로 법을 제정했기에 가능한 일이었다. 2013년 배출권거래제 법이 제정되고 2년의 유예기간을 거치는 동안, 우리나라는 배출권거래제의 성공적인 도입을 위해 많은 노력을 기울였다. 2014년 1월에는 2020년까지 30퍼센트 감축량을 달성하기 위해 당해의 감축량을 정하는 국가 목표를 설정했다. 그리고 같은 해 5월에는 당해의 온실가스 배출 할당량을 어느 정도로 정해야 하는지 조사결과에 따라 결정했다. 2014년 7월에는 배출권거래제 할당업체를 정했다. 최근 3년간 온실가스 배출량이 평균 125,000CO_2톤 이상인 업체 또는 25,000CO_2톤 이상인 사업장을 기준으로 설정했다. 그다음 10월에는 각 기업에 정해진 할당량과 목표치를 부여했고, 이를 바탕으로 2015년 1월부터 부산에 위치한 한국거래소KRX, Korea Exchange에서 국내 배출권거래제를 시행했다.

배출권거래제 시행체제에서 기업은 한 해 동안 온실가스 배출량을 감축하기 위해 최선을 다해야 하며, 그 결과를 매년 국가에 보고해야 한다. 이후 환경부 산하의 온실가스 정보센터에서 기업이 보고한 온실가스 배출량이 실제로 일치하는지 확인하는 절차를 거친다. 최종 확인 후 할당된 배출량

---

13) 12)와 같은 출처.

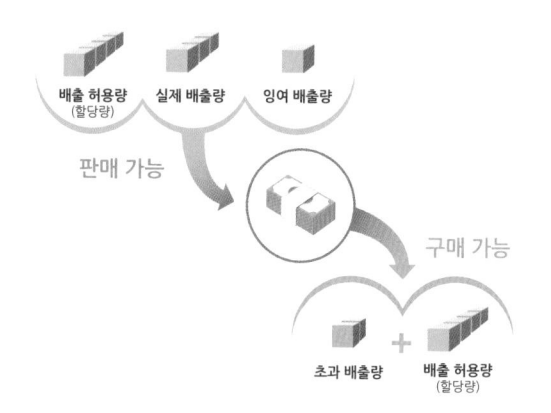

그림 3-8 배출권거래제도의 개념도

보다 초과 배출을 한 기업은 초과한 배출량에 시장가격의 3배만큼 산정해 벌금을 내거나, 다음 연도 할당량의 배출권을 끌어 쓴다. 반대로 남았을 경우에는 다음 해로 미루는 이월과 차입의 제도를 이용해야 한다.

할당된 온실가스 배출량을 초과한 기업에서 배출권을 사들여 배출권 시장가격이 증가했는데도 예상보다는 배출권거래가 부진했다. 그 원인에는 크게 세 가지가 있다. 첫째는 배출권거래제를 처음 맞이한 기업이 배출권 가격의 상한을 지켜보았기 때문이다. 둘째는 이월과 차입이라는 제도가 있었기 때문이다. 셋째는 만약 배출권 시장가격이 급상승할 경우 정부에서 배출권을 내놓게 되는데, 이때 가격 하락의 가능성이 있기 때문에 기업은 기다리고 있었던 것이다. 기업으로서는 배출량을 초과했을 때 벌금을 내야 하고, 배출권을 많이 팔았을 경우 다음 해에 할당량을 적게 받을 수 있어서 선택에 부담이 있다.

2015년에 처음 시작된 우리나라의 배출권거래제는 아직 초기단계에 머무르고 있어 성공 여부를 단정지을 수는 없지만, 진행 상황 자체는 비교적 성공적이라는 평가를 받고 있다. 기업이 온실가스 배출에 대한 부담감과 책임감을 가지고 운영한다면 모두가 기대할 수 있는 결과를 도출할 수 있

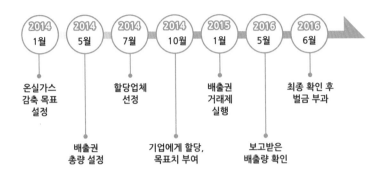

그림 3-9 2014년부터 2016년까지 국내 탄소배출권배출권거래제 시행절차

으리라 생각한다.

선진국과 개도국, 모두에게 도움이 되는 청정개발체제

기후변화는 전 세계가 마주한 심각한 문제이다. 그래서 선진국, 개도국 외에도 모두가 머리를 맞대고 대응하고 적응하기 위해 노력하고 있다. 수백 명이 타고 있는 배를 힘이 세고 근육이 많은 한 사람의 힘으로 끌고 갈수 없는 것처럼, 한 나라에서만 앞서간다고 한들 소용이 없다. 모두가 노력해야 목표를 이룰 수 있기에 선진국이 개도국에 필요한 기술을 이전할 필요성이 있다. 따라서 기술이전을 하는 선진국에는 혜택을 주는 것으로 이를 지원하고 있다. 개도국에 자본과 기술을 투자해 온실가스 감축 사업을 실시한 해당국은 사업 결과를 살펴 온실가스 감축량을 달성하면 동일하게 상쇄시켜주고, 배출권거래제에서 배출권을 시장가격에 비해 더 낮은 가격으로 구매할 수 있는 일종의 크레딧credit을 준다.

이 제도를 청정개발체제CDM, Clean Development Mechanism라고 한다. CDM 제도는 지속 가능한 발전sustainable development에 기반을 두고 제도를 시행한 국가에 사회, 경제, 환경적인 이익을 얻을 수 있게 하는 것이다. 해당 분야로는

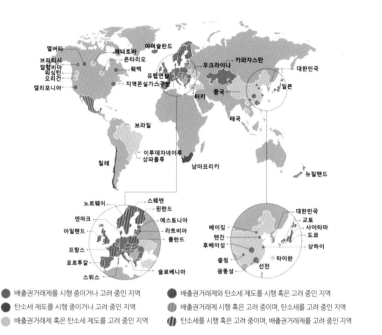

엘버타
브리티시
컬럼비아
워싱턴
오리건
캘리포니아
매니토바
온타리오
퀘백
지역온실가스구상
아이슬란드
유럽연합
우크라이나
카자스탄
대한민국
터키
중국
일본
브라질
이루데자네이루
상파울루
칠레
남아프리카
뉴질랜드

노르웨이
엔마크
아일랜드
프랑스
포르투갈
스위스
스웨덴
핀란드
UK
에스토니아
라트비아
폴란드
슬로베니아
베이징
텐진
후베이성
충청
광둥성
대한민국
교토
사이타마
도쿄
상하이
타이완
선전

- ● 배출권거래제를 시행 중이거나 고려 중인 지역
- ● 탄소세 제도를 시행 중이거나 고려 중인 지역
- ● 배출권거래제 혹은 탄소세 제도를 고려 중인 지역
- ● 배출권거래제와 탄소세 제도를 시행 혹은 고려 중인 지역
- ◐ 배출권거래제 시행 혹은 고려 중이며, 탄소세를 고려 중인 지역
- ◑ 탄소세를 시행 혹은 고려 중이며, 배출권거래제를 고려 중인 지역

그림 3-10 배출권거래제 또는 탄소세 시행(예정) 국가   출처: 배출권거래제 현황 및 이슈, 2015

태양광 발전, 풍력, 수력 등을 이용한 신재생 에너지 사업과 에너지 소비량 저감과 관련된 에너지 효율 향상 사업 그리고 탄소 포집 및 저장CCS, Carbon Capture & Storage이나 배출을 저감시키기 위한 장치 등과 같은 탄소배출 저감 인프라 및 탄소 자원화 사업이 있다.

국내외에서 진행하는 CDM 사업은 주로 신재생 에너지 사업으로 그중에서도 풍력 발전이 많은 양의 이산화탄소 감축량을 보이고 있다. 우리나라는 북한과 재생 에너지 협력사업도 기대해봄 직하다. 민간연구소인 현대경제연구원이 2015년 11월에 발표한 '남북 재생 에너지 CDM 협력사업의 잠재력'이란 보고서에 따르면, 남북한이 온실가스 감축을 위한 CDM 사업을 벌일 경우 기대할 수 있는 경제효과가 112조 원에 달한다고 한다. 남한에서 북한으로 기술과 자본을 지원하는 것인데, 기술이전으로 북한에서 확보할수 있는 재생 에너지 전력생산 잠재량은 연간 약 9천TWh에 이를 것으로 예상한다. 이를 탄소배출권으로 대입하면 연간 약 108억 톤 분량으로, 그 가치가 약 112조 원에 달한다. 국내 탄소배출권은 감축 목표에 맞춰 진행하다 보면 수입을 해야 할 상황이 올 수도 있다. 이럴 때 남북한 CDM 협력사업으로 해결한다면 에너지가 부족한 북한과 우리나라 양쪽에 큰 도움이 될 것이다.

- **온실가스 감축 방안의 '의의'** : 기업이 정부에게 배출권을 할당받아 그 범위에서 온실가스를 배출하거나 또는 시장에서 배출권을 추가로 구입할 수 있는 제도인 배출권거래제나 탄소세, 청정개발체제(CDM) 등은 기후변화의 원인인 온실가스 감축 목표를 설정하고 달성을 위해 제도적으로 노력하는 데 의의가 있다.

- **온실가스 감축 방안의 '한계'** : 2015년부터 배출권거래제를 시행한 우리나라는 거래량이 미미하여 시장의 역할을 다하지 못하고 있다. 우리나라의 배출권거래제는 EU와 유사하므로 EU의 배출권 거래시장의 발전과정을 분석해 개선해야 한다. 또한 CDM이 아직 도입 초기 단계이므로 구체적인 법제화를 통한 체제 확립을 통해 시행착오를 줄여나가는 노력이 반드시 수반되어야 할 것이다.

- **온실가스 감축 방안의 '전망'** : 배출권거래제의 한계를 넘어 앞으로 적절한 제도 시행을 위해서는 지속적으로 개선해야 하는 부분이 있다. 첫째, 전체 10퍼센트의 기업에만 할당한 감축 의무를 확대해 거래시장 내 업체 수를 늘리는 것이다. 지금 상황에서는 배출권 시장이 불안정하고, 배출권의 공정한 시장가격 형성이 어렵기 때문이다. 정부는 중소기업에 의무를 부여하기 전에, 업체 교육과 탄소배출권 시장 준비를 추진해 참여 업체를 늘려야 한다. 둘째, 청정개발체제(CDM) 사업을 활성화해야 한다. CDM 사업을 통한 할당량 상쇄는 배출권 거래시장에 활력을 불어넣을 수 있고, 새로운 사업이기 때문에 기술의 발전에 따른 이익창출을 기대할 수 있다. 셋째, 배출권거래제를 지속적으로 개선하기 위해 구체적인 방안을 수립해야 한다. 배출권거래제의 시행결과를 토대로 이를 종합적으로 평가하고, 전문 연구가들의 관련 의견을 지속적으로 수렴하고 수정해야 한다. 앞으로 국내 제도권 시행을 위해 위와 같은 사항들을 고려해 개선한다면 안정적으로 이행할 수 있을 것이다.

통일 한국의 시금석이 될 그린 데탕트

2015년 기준 북한의 발전설비 용량은 742만 7천KW이며, 남한은 9,764만 9천KW로 북한의 에너지 공급량은 남한에 비해 1/13배 수준에 불과하다.[14] 그 가운데 대부분이 1차 에너지인 석탄에 기초한 생산량이다. 북한의 석탄 사용량은 점점 증가해 2000년 2,229만 톤에서 2020년에는 1억 2,000만 톤에 이를 전망이다.

이런 상황에서 북한의 산림은 날이 갈수록 황폐하게 변하고 있다. 과거에는 북한 국토의 약 70퍼센트가 산림지역이었지만 10여 년 동안 가뭄, 폭우, 병해충, 벌목으로 산림이 크게 훼손됐다. 산림훼손으로 지구온난화 기여도가 증가했을 뿐만 아니라 북한에만 서식하는 호랑이, 표범, 여우 등 동물의 터전이 사라지고 있다.

이런 상황에서 추측할 수 있듯이, 북한의 산업환경 실태는 개도국 수준에 머무르고 있다. 산업시설의 대부분이 1960~1970년대 공해방지시설 정도밖에 갖추지 못한 노후 시설인 실정이다. 공해방지 시설을 갖춘 일부 공장들도 전력난이나 화학약품의 부족으로 정상가동이 불가능하다. 또한 북한의 산업구조는 제철·금속·화학·제련 등 공해집약 산업으로 구성돼 있는 형편이다. 게다가 경제난으로 공해방지 시설에 투자할 여력이 없어서 북한의 기후변화 대응 능력은 심각한 수준이다.

하지만 북한 환경산업의 미래가 마냥 어두운 것은 아니다. 수력 발전은 석탄에 이은 현재 북한 제2의 에너지 공급원인데, 지난 15년간 그 비중이 크게 증가했다. 기존 에너지 발전 방식에 한계를 느낀 북한 정권이 새로운 대책을 모색하고 있다는 방증이다. 이런 흐름에 발맞춰 북한은 수력 발전뿐 아니라 태양열 발전과 같은 재생 에너지원 개발 및 CDM 사업을 추진하고 있어 앞으로의 향방을 기대할 만한 상황이다.

---

14) 2016 북한의 주요통계지표, 통계청, 2016.

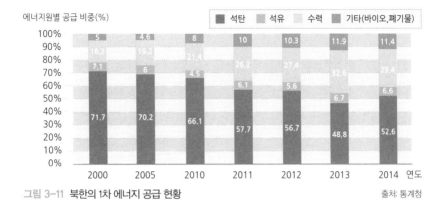

에너지원별 공급 비중(%)

범례: 석탄 | 석유 | 수력 | 기타(바이오,폐기물)

연도	석탄	석유	수력	기타(바이오,폐기물)
2000	71.7	7.1	16.2	5
2005	70.2	6	19.2	4.6
2010	66.1	4.5	21.4	8
2011	57.7	6.1	26.2	10
2012	56.7	5.6	27.4	10.3
2013	48.8	6.7	32.6	11.9
2014	52.6	6.6	29.4	11.4

그림 3-11 북한의 1차 에너지 공급 현황   출처: 통계청

에너지 부분의 높은 CDM 사업 잠재력을 가진 북한

북한은 고질적인 에너지난을 극복하기 위해 재생 에너지 중에서도 시장 규모가 크고 성장률이 높은 태양광, 수력, 풍력 등의 보급 촉진 정책을 적극적으로 추진하고 있다. 2015년까지 북한은 총 8건의 CDM 사업을 UN에 공식 등록하고 외국 참여자와 함께 사업을 추진 중이다. 등록한 CDM 사업을 성공적으로 완수할 경우 북한의 연간 온실가스 감축량은 약 35만 톤에 이를 것으로 전망된다. 등록한 CDM 사업의 총 발전용량은 61.5MW 규모이며 연간 전력 생산량은 232,560MWh이다. 이것을 근거로 예상하여 온실가스 감축량을 추정하면 이산화탄소 환산량 348,517톤 CO_2eq.로 탄소배출권 가격을 10달러로 가정했을 경우 연간 수익이 약 350만 달러에 이를 것으로 추산하고 있다.[15]

북한은 수력뿐만 아니라 태양광, 풍력, 소수력 발전 등 재생 에너지 수급 구조를 가지기 위해 '재생에네르기법'을 제정했고, 이를 통해 산업 활성화 및 국토환경을 보호하려고 노력하고 있다. 한 예로 2014년 신년사에서 '수력을 위주로 하면서 풍력과 지열, 태양열을 비롯한 자연에너지를 이용해 전력을 더 많이 생산할 것'을 강조했다. 아울러 북-러 접경지역 양쪽에 4개의 풍력

15) 북한의 재생에너지 관련 사업 추진 현황, 현대경제연구원, 2016. '한반도 르네상스 구현을 위한 VIP 리포트, 현대경제연구원, 2015.11.29.'

발전 단지를 건설해 재생 에너지 전력을 더 늘릴 것이라고 발표했다. 북한의 태양광 발전의 전력 생산량은 연간 1,200kWh/m²로 유럽 대부분의 도시에 비해 풍부한 수준이다. 태양광 발전설비를 북한의 거주지 면적 대상으로 가정할 경우 지리적 잠재량은 연간 28,884TWh로 추산된다. 설치면적 비율, 설비 효율 등을 감안하면 북한의 태양에너지 기술적 잠재량은 연간 8,902TWh로 추정된다. 한국거래소 배출권 시장 일별 종가 평균치인 10,368원을 적용해 태양광 발전을 통한 탄소배출권 잠재량을 추산하면 연간 107.5억 톤으로 경제적 가치로 따지면 연간 111조 원에 이르는 상당히 큰 규모이다.

태양광 발전 다음으로 투자하는 풍력 발전은 설비 가동률 22.8퍼센트를 적용하면 연간 풍력 발전을 통한 전력생산 잠재량은 7,989GWh이다. 탄소배출권 잠재량은 연간 965만 톤이며 경제적 가치는 연간 1,001억 원 규모로 추정된다. 마지막으로 북한의 소수력 발전은 설비 가동률 40퍼센트를 적용하면 연간 전력생산 잠재량이 5,256GWh로 추산된다. 탄소배출권 잠재량은 연간 635만 톤, 경제적 가치는 연간 658억 원 규모에 이른다. 이처럼 북한은 에너지 부문에 높은 CDM 사업 잠재력을 보유하고 있다.

그린 데탕트의 현실적 방안, 남북 재생 에너지 CDM 협력 사업

그린 데탕트Green Détente, 즉 녹색 화해협력은 잠정적인 긴장완화를 뜻하는 '데탕트'와 '그린'을 합친 말이다. 환경정책을 통해 민감한 정치군사 정책의 협력을 이뤄내고자 하는 것이다. 이는 현재 긴장 속에 대립하고 있는 남북한에 반드시 필요한 부문이다. 상대적으로 정치색이 약한 환경 분야에서 협력해 윈-윈 관계를 형성한다면, 나아가 경제, 문화, 정치, 군사 차원에서 남북한의 상생과 공동번영을 이뤄 통일의 기초를 마련할 수 있다. 환경 부문의 협력 가운데 남북 재생 에너지 CDM 사업은 그린 데탕트 정책의 현실적인 방안으로 가장 유력하다. [16] 남북 CDM 협력 사업은 기존의 평화협력 차원의

---

16) 남북 재생에너지 CDM 협력사업의 잠재력, 현대경제연구원, 2015.

그림 3-12 남북한 CDM 사업의 통한 원-원 관계

경제 원조에서 남북 상호 간의 상생 협력으로 패러다임 전환을 이룰 수 있는
분야이다. 이로써 남북 경제협력의 시초로 삼을 수 있고, 북한의 환경 개선
과 선진 기술 도입으로 남북한 사이에 경제적·기술적 차이가 감소해 한반도
공동체 의식도 증대할 것으로 판단된다.

　남북 재생 에너지 CDM 협력사업을 성공적으로 추진하기 위해서는 재생
에너지 산업에 주목해야 한다. 재생 에너지 산업은 기후변화 대응, 안정적
에너지원 확보 등을 위해 전략적 중요성이 높으므로 기술력 확보 및 시장
선점이 중요하다. 또한 남한에 있는 에너지 관련 공기업이 먼저 투자해 탄
소배출권을 확보하고 사기업의 참여를 유도하는 전략이 필요하다. 민간기
업의 선투자보다 에너지 관련 공기업이 성공사례를 남김으로써 안정적인
진출을 이끌 수 있기 때문이다. 그리고 북한 개발을 두고 러시아나 중국과
같은 주변국과 경쟁에서 남한이 주도할 수 있도록 북한과 관계를 우호적으
로 이어나가야 한다. 남북 CDM 협력사업을 성공적으로 진행하면 남북한의
관계완화와 서로의 이익증대에 크게 도움이 될 것이다. 북한의 발전량 증가
는 북한의 소득수준 향상으로 이어지고, 통일비용 감소에도 기여할 것으로
기대된다.[17]

---

17) '그린 데탕트' 실천전략: 환경공동체 형성과 접경지역·DMZ 평화생태적 이용방안, 통일연구원, 2014.

- **남북한 CDM 사업 '의의'** : 신기후체제 도입으로 북한은 1차 에너지 중심의 수급구조에서 수력, 태양광, 풍력 발전 등 재생 에너지 발전으로 전환해 투자하고 있다. 북한의 최근 CDM 사업 투자동향에 집중하여 이를 보조하는 역할을 수행할 할 때, 우리나라는 온실가스 저감 문제 해결의 실마리를 찾을 뿐 아니라 남북한 평화노선 및 경제 공동체 구축에 한걸음 더 다가갈 수 있을 것으로 전망된다.

- **남북한 CDM 사업 '한계'** : 아직까지 북한의 기술 수준이 낮고 자본이 부족해 CDM 사업을 외국 참여자와 진행하는 형편이라 자력으로는 어려움을 가지고 있다. 지속 가능한 CDM 사업 구축을 위해서 우리나라와 UN을 비롯한 외부의 지원이 필수적일 것으로 판단된다.

- **남북한 CDM 사업의 '전망'** : 북한 CDM 사업을 그린 데탕트와 연결해 남북한 재생 에너지 협력 사업을 추진한다면 북한의 환경과 기술력 그리고 생활개선이 가능하다. 그뿐만 아니라 재생 에너지 전력 생산량을 탄소배출권으로 환산하면 연간 112조 원의 이익이 발생할 수 있다. 또한 환경정책으로 정치, 군사, 경제, 문화적인 차이를 완화한다면 통일한국에 한 걸음 다가갈 수 있는 시금석이 될 것이다.

기후변화 대응에는 선진국과 개도국이 따로 없다

2015년 파리협정에서는 온실가스 감축 의무 대상 국가가 선진국뿐만 아니라, 개도국을 포함하여 광범위하게 설정됐다. 그러나 선진국과 개도국의 온실가스 감축 당위성에는 차이가 있어 다른 방법으로 그 의무를 이행하게 된다. 우선, 선진국은 개도국과 비교해 이른 시기에 온실가스를 배출했기에 경제력과 기술력을 조기에 확보했다. 그래서 현재 온실가스 배출 저감 의무를 이행할 수 있는 능력을 갖췄다. 그러나 개도국은 선진국과 달리 충분한 경제력과 기술력을 아직 확보하지 못했거나, 확보 중인 상태이다. 현재 이들 국가의 성장 기반은 온실가스 배출을 동반하는 화석연료 사용이다. 단기간에 신재생 에너지의 전면도입은 경제적, 기술적으로 어려움이 있으며, 또 그 비용을 감당하다 보면 성장도 저하될 것이다. 개도국의 지속 가능한 발전 또한 중요한 문제이다. 따라서 지속 가능한 발전과 동시에 온실가스 배출 저감을 위해 개도국을 대상으로 한 선진국의 경제적, 기술적 지원이 의무화됐다.[18]

개도국의 기후변화 대응을 위한 선진국의 경제적, 기술적 지원 의무화

앞서 다뤘듯이 UN의 지속 가능한 발전을 위한 17개 목표SDGs 17 가운데 기

선진국		개도국
· 기후변화는 전 지구적 문제 · 최근 개도국의 성장과 함께 온실가스 배출량 증가 추세 · 개도국의 기후변화 대응 동참 요구	VS	· 기후변화 대응은 국가 발전에 악영향을 미칠 수 있음 · 지속 가능한 국가 발전 요구 · 선진국의 기후변화 대응 재정 및 기술 지원 요구

그림 3-13 선진국과 개도국의 기후변화 대응체제에 대한 처지 차이

---

18) Sustainable Development Goals 17, UNDP.

후변화 대응에 관한 목표는 13번째에 해당한다. 13번째 목표에는 개도국의 기후변화 대응을 위한 선진국의 지원 의무를 포함하고 있다. 13번째 목표의 세부 내용은 다음과 같다.[19]

13. 기후변화와 이에 따른 영향에 맞서기 위해 긴급한 대응을 취한다Take urgent action to combat climate change and its impacts.

13.1. 모든 국가에서 기후 관련 위험 및 자연재해에 대한 적응력·복원력을 강화한다Strengthen resilience and adaptive capacity to climate-related hazards and natural disasters in all countries.

13.2. 기후변화에 대한 조치를 국가 정책, 전략, 계획에서 통합한다Integrate climate change measures into national policies, strategies, and planning.

13.3. 기후변화 완화, 적응, 영향 감소, 조기 경보 등에 관한 교육, 인식 제고, 시민과 기업의 인적·제도적 역량을 강화한다Improve education, awareness-raising and human and institutional capacity on climate change mitigation, adaptation, impact reduction and early warning.

13.a 기후변화 완화 조치와 이행의 투명성에 관한 개발도상국의 요구에 따라, 유엔기후변화협약UNFCCC의 선진국이 공동으로 매년 1,000억 달러를 동원하겠다는 목표를 2020년까지 이행하며, 가능한 빠른 시일 내에 출자를 통해 녹색기후기금GCF의 완전한 운용을 시작한다Implement the commitment undertaken by developed-country parties to the United Nations Framework Convention on Climate change to a goal of mobilizing jointly $100 billion annually by 2020 fro all sources to address the needs of developing countries in the context of meaningful mitigation actions and transparency on implementation and fully operationalize the Green Climate Fund through its capitalization as soon as possible.

13.b 여성, 청년, 지역 공동체 및 소외된 공동체에 초점을 맞추는 것을 포

---

19) "Goal 13: Climate action", UNDP.

함해 최빈국과 군소 도서개발국에서 기후변화와 관련해 효과적인 계획과 관리를 위한 역량 계발 매커니즘을 촉진한다Promote mechanisms for raising capacity for effective climate change-related planning and management in least developed countries and small island developing States, including focusing on women, youth and local and marginalized communities.

지속 가능한 발전 목표 가운데 기후변화와 관련된 13번째 목표의 세부 내용을 살펴보면, 개도국에 대한 선진국의 기후변화 대응 지원은 13.a에 언급하고 있다. 선진국은 녹색기후기금GCF, Green Climate Fund에 매년 1,000억 달러 규모의 기금을 조성해야 하며, 개도국의 요구를 지원해야 한다.[20][21] 녹색기후기금은 개도국의 기후변화 피해 방지 및 적응을 지원하는 기금으로, 2013년 12월 대한민국 인천 송도에 사무국을 열었다. 녹색기후기금에서는 기후변화 대응 지원을 위하여 8개 사업 분야를 채택했는데, 크게 감축mitigation과 적응adaptation 분야로 구분한다.[22]

녹색기후기금에서는 위 8개 분야의 이행기구에서 사업제안서를 작성하면 검토한 뒤 이사회에서 최종 결정을 내려 사업을 진행한다. 대표적인 녹색기후기금의 이행기구로는 아시아개발은행ADB, Asian Development Bank, 유엔개발계획UNDP, United Nations Development Programme, 독일부흥은행KfW, Kreditanstalt für Wiederaufbau, 태평양환경계획사무국SPREFP, Secretariat of the Pacific Regional Environment Programme, 미주개발은행IDB, Inter-American Development, 유엔환경계획UNEP, United Nations Environment Program, 세계은행World Bank이 있다.[23] 2015년 제9차 이사회에서 앞에서 언급한 최초 이행기구를 인증했으며, 10차 이사회에서 신규로 총 13개 기관을 인증할 예정이다. 각 이행기구들은 중점 분야가 있는데 표 3-4와 같다.

20) "Transitional Committee for the design of the Green Climate Fund", UNFCCC.
21) "Goal 13: Climate action", UNDP.
22) "Insight, An introduction to GCP", GCF.
23) "List of Accredited Entities", GCF.

표 3-3 녹색기후기금의 기후변화 대응 분야

녹색기후기금의 기후변화 대응 분야	
감축(mitigation)	적응(adaptation)
저탄소 에너지 발전 및 보급	주민과 지역사회의 생계
저탄소 교통	인프라 및 조성 환경
건물, 도시, 산업 및 장비 에너지 효율	보건, 식량, 물 안보
삼림 및 토지이용(농업 포함)	생태계 및 생태계 서비스

출처: 기후변화와 GCF 바로알기, 인천광역시

표 3-4 녹색기후기금 이행기구 및 중점 분야

녹색기후기금 이행기구 및 중점 분야	
아시아개발은행 (ADB, Asian Development Bank)	에너지, 환경/기후변화, 물, 교통, 도시개발
유엔개발계획 (UNDP, United Nations Development Programme)	지속 가능개발, 거버넌스, 기후변화 및 재난 회복력
독일부흥은행 (KfW, Kreditanstalt für Wiederaufbau)	보건, 물, 에너지, 낙후지역 개발 및 금융 시스템 개발
태평양환경계획사무국 (SPREFP, Secretariat of the Pacific Regional Environment Programme)	기후변화, 생태계 보존, 폐기물/오염관리, 모니터링
미주개발은행 (IDB, Inter-American Development Bank)	저탄소 교통, 기후 탄력적 농업
유엔환경계획 (UNEP, United Nations Environment Programme)	청정기술, 생물 다양성, 생태계
세계은행 (World Bank)	신재생 에너지, 에너지 효율, 에너지 접근, 삼림, 생태계 서비스

출처: 기후변화와 GCF 바로알기, 인천광역시

녹색기후기금의 이행기구들은 각 기구별 특성과 중점 분야를 살려 다양한 국가를 대상으로 대형 프로젝트를 검토해 추진한다. 단순히 개도국을 대상으로 한 선진국의 재정적 원조로 보일 수 있지만, 여러 기업에게는 또 다른 기회가 열린 것이기도 하다. 기후변화 대응 프로젝트를 수행할 역량이 있는 기업은 녹색기후기금을 활용해 개도국을 대상으로 한 프로젝트를 수주해 새로운 시장을 확보하게 된다. 또한 프로젝트를 성공적으로 수행할 경우,

해당 분야에 대한 글로벌 인지도 및 시장 경쟁력을 확보해 관련 분야를 선도할 기회를 맞을 수 있다. 그뿐만 아니라 해당 개도국뿐만 아니라, 프로젝트 수행 실적을 기반으로 관련 산업에서 경쟁력 또한 확보하게 된다.

녹색기후기금과 유사한 사례로, 중국 주도로 설립한 국제금융기구인 아시아인프라투자은행AIIB, The Asian Infrastructure Investment Bank이 있다. 아시아인프라투자은행은 아시아 국가의 사회 간접자본 건설을 지원하기 위해 설립했는데, 중국과 아시아를 중심으로 에너지, 수자원, 교통, 농촌개발 등의 인프라 투자를 목표로 한다. 아시아인프라투자은행은 미국과 일본이 중심이 된 아시아개발은행ADB, Asian Development Bank과 그 목적이 유사하지만 이를 견제하려는 성격이 강한데, 우리 정부는 아시아인프라투자은행 가입을 결정했다. 아시아인프라투자은행에 가입해 아시아 지역의 인프라 건설 등의 대규모 프로젝트에 한국기업이 참여할 경우, 큰 경제적 이익과 더불어 아시아 지역의 시장 확보가 가능하다고 봤기 때문이다. 이렇듯 기후변화 대응에 핵심 역량이 있는 기업을 보유한 선진국은 녹색기후기금을 지원할 뿐만 아니라, 이를 활용해 성공적 프로젝트를 수행해 장기적 기금 회수 및 자국 기업의 새로운 시장 확보가 가능하다.

신기후변화 정책은 부담인 동시에 새로운 시장 확보의 기회

선진국은 개도국에 녹색기후기금을 활용해 재정지원뿐만 아니라, 기술지원도 진행해야 한다. 개도국에 대한 기술 지원을 위한 국제기구로는 기술정책의제 논의를 진행하는 기술집행위원회와 기술 개발 및 이전이행 활동을 진행하는 기후기술센터네트워크CTCN, Climate Technology Center & Network가 있다.[24]

먼저 기술집행위원회는 다양한 국가에서 선출된 20인의 전문가로 구성해, 매년 상반기와 하반기에 회의를 개최한다. 기술집행위원회는 기술수요

---

24) CTCN, "Introducing the CTCN".

그림 3-14 기후기술센터 네트워크(CTCN)의 개도국 기술지원 방안　출처: CTCN 홈페이지(www.ctc-n.org)

기술 메커니즘

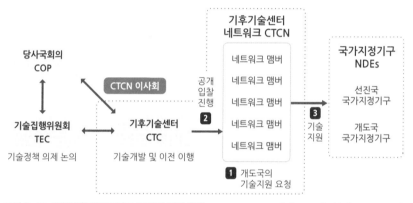

그림 3-15 CTCN과 TEC 그리고 COP의 협의 체제　출처: CTCN 홈페이지(www.ctc-n.org)

평가, 기후기술재정, 여건조성, 기술정책 수립 등을 진행하며, 기후기술센터
네트워크와 긴밀하게 협업한다. 기후기술센터네트워크는 16인의 정부대표
단과 100여 개 이상의 기업으로 구성해 매년 상반기와 하반기에 회의를 개
최한다. 개도국의 기술지원과 기후기술 지식의 공유, 또한 이해관계자 네트
워크를 증진시키는 역할을 한다.

　기후기술센터네트워크는 기술 개발 및 이전을 통한 개도국의 저감
mitigation 분야 및 적응adaptation 분야 역량 강화를 위해 기술지원technical
assistance, 지식공유knowledge sharing, 협업과 네트워크collaboration & networking 방

식으로 지원한다.

개도국에 대한 기술 개발 및 이전 이행 활동은 그림 3-15와 같은 방법으로 진행한다.[25]

기후기술센터의 기술 개발 및 이전은 먼저 당사국회의와 기술집행위원회의 정책과 부합해야 시행한다. 개도국 국가지정기구의 기술지원요청이 있으면, 네트워크 멤버로 있는 전 세계 다양한 기업을 상대로 공개입찰을 진행한다. 그런 뒤 기업을 최종 선정해 개도국 기술지원을 시행한다. 개도국에 대한 기술지원 시행에서 앞에서 언급한 녹색기후기금 또한 활용이 가능하다. 추가적으로 온실가스 배출량 감축이 어려운 선진국의 경우 기술이전으로 개도국의 온실가스 배출량 감축을 달성하고, 개도국의 온실가스 배출 감축량을 구입해서 자국 온실가스 감축에 활용이 가능하다.

현재 우리나라는 2030년 온실가스 배출 전망치BAU, Business As Usual에서 37 퍼센트 감축 목표를 제시한 상황이다. 국내에서 자체 개발한 기술 및 기후기술을 적용해서 온실가스 배출량 감축을 진행할 예정이지만, 국외 배출량 감축 또한 활용하기 위해 국제 협상력 강화 등 다양한 노력을 하고 있다. 그 대표적인 사례가 녹색기후기금과 국제기후기술협력이다. 녹색기후기금과 국제기후기술협력에서 해외 온실가스 배출 감축량을 우리나라 실적에 활용하겠다는 것이다. 또한 기후기술센터네트워크에 여러 국공립 기관들녹색기술센터, 한국에너지공단, 한국환경공단, 한국에너지기술연구원, 한국전기연구원, 한국화학연구원, 한국생산기술연구원, 국가청정생산지원센터, 광주과학기술원 등이 가입해 기술 개발 및 지원을 추진하고 있다. 또한 개도국에 기술지원을 시행하는 대한민국 국가지정기구NDE, National Designated Entity로 미래창조과학부가 참여하고 있다.

이렇듯 파리기후협정을 기반으로 전 세계가 온실가스 배출 저감을 위해 다양한 방법으로 노력 중이다. 선진국은 자체적인 온실가스 배출량 감축 목표를 달성하고, 개도국의 지속 가능한 발전을 도모하도록 돕고 있다. 또

25) CTCN, "Technology Sectors", "About the Climate Technology Centre and Network".

한 온실가스 배출량 감축 지원을 위해 선진국이 조성한 녹색기후자금을 활용하고, 기후기술 개발 및 이전을 지원하고 있다. 그리고 선진국도 개도국 지원을 통해 국외 온실가스 배출량 확보를 이루고 있다. 이처럼 기후변화 정책은 각국에게 배출량 감축의 부담을 준 것이 사실이다. 그러나 이와 함께 새로운 시장 확보의 기회를 제공해주며 더불어 기후변화에 대응하도록 하고 있다.

개도국 기술지원의 혁신 방안으로 지속 가능한 발전 이루어야

2016년 6월 23일 영국은 역사적인 국민 투표를 실시했다. 40여 년 동안 경제적·문화적으로 함께했던 유럽연합 탈퇴를 두고 찬반 여부를 묻는 투표였다. 그 결과 국민의 51.9퍼센트가 유럽연합 탈퇴를 선택했다. 이에 따라 영국은 유럽연합에서 탈퇴하게 됐다. 브렉시트Brexit라 부르는 이 사건은 경제 분야뿐만 아니라 환경적인 측면에서도 큰 영향을 줄 전망이다.

산업혁명의 발상지답게 그간 영국은 환경적으로 많은 악영향을 끼쳐왔다. 영국의 환경오염이 얼마나 심각했는지는 런던형 스모그London type smog라는 단어만 봐도 짐작이 간다. 석탄을 많이 채굴하고 사용한 까닭에 과거 20세기 중반 런던에서는 대기오염 피해가 빈번하게 발생했다. 영국의 환경오염은 1972년 유럽연합에 가입하면서부터 점차 수그러들었다. 유럽연합 가입국이 준수해야 하는 규제들 가운데서 환경 분야에 관한 규제가 제법 엄격했기 때문이다. 규제를 따르면서 영국의 대기, 수질, 토양 오염은 많이 호전됐다. 그동안 축적된 과학·기술력을 바탕으로 연료 효율을 높인 덕분이었다. 2002년 세계 최초로 탄소배출권에 대한 제도를 제안한 것도 바로 영국이었다.[26] 이러한 노력들 덕분에 유럽연합에 속해 있는 동안 영국은 환경보호 분야에서 강국이 되었다.

하지만 이러한 환경보호 정책으로 영국이 얻을 수 있는 경제적인 효과는

26) Natalie Himmel, Environmental consequences of the Brexit, The Huffington Post, 2016. 7. 22.

거의 없었다. 오히려 향후 영국이 유럽연합의 규제를 벗어날 경우 얻을 수 있는 경제적 이익이 더 크다는 분석이 주를 이룬다. 결과적으로 영국의 유럽연합 탈퇴는 영국 당국의 경제적 이익을 위해 환경 규제 완화 및 폐지로 이어질 가능성이 높다. 브렉시트에 따른 환경오염을 막으려면 후속조치가 절실하다는 목소리가 나오는 이유도 바로 이 때문이다.[27]

　미국의 상황도 좋지 않다. 트럼프 정부 출범으로 환경 정책 분야의 변화가 예상된다. 과거 또 한명의 대선 주자였던 힐러리 클린턴과 극명하게 갈렸던 정책 가운데 하나가 바로 환경 분야였다. 실제로 트럼프의 주요 공약 중에는 환경보호, 기후변화에 관한 내용이 포함돼 있지 않다. 트럼프는 기후변화가 실제로 일어난다는 과학적인 증거가 없다고 주장하며, 결국 2017년 6월 2일 파리협정 탈퇴를 선언했다.[28] 여기에 녹색기후기금을 거부하는 등 기후변화 대응에 노골적인 반감을 드러내고 있다. 트럼프는 수많은 환경보호 예산을 국방이나 내수 경제 활성을 위해 사용하면 미국이 더 발전할 것이라고 주장한다. 하지만 세계 최강대국 미국이 환경 보전에 앞장서지 않는다면, 수많은 나라의 환경보호를 위한 노력은 물거품이 되고 만다. 여전히 미국의 이산화탄소 배출량은 세계 최고 수준이며, 미국의 환경보호 운동에 대한 움직임이 개도국에 미칠 파장이 실로 거대하기 때문이다.

　브렉시트와 트럼프 정권의 수립으로, 영미권의 개도국에 대한 환경 부문 자금지원 확대는 기대하기 어렵게 됐다. 하지만 개도국에 대한 기술지원은 여전히 진행 중이며, 현재의 상황을 타개하기 위해 대대적인 기술지원 혁신 방안을 제안할 것이다. 이렇게 개도국에 대한 혁신적인 기술지원 방안을 찾고 실행에 옮긴다면 이야기는 달라진다. 선진국의 지속적인 자금지원 없이도 개도국들은 독립적으로 자국의 환경을 보호할 수 있을 것이고, 불필요한 논란도 종식될 것이다. 브렉시트와 트럼프라는 '위기'가 '기회'로 전환될 수도 있는 것이다.

27) Matt McGrath, Law needed to limit Brexit's environmental impact, say MPs, BBC, 2017. 1. 4.
28) Lacy Cooke, What Trump's victory means for the environment(it's not good), Inhabitat, 2016. 11. 12.

이미 다가온 현실을 바꿀 수는 없다. 우리가 해야 할 일은 이런 쉽지 않은 상황에서도 대안을 찾아나가는 것이다. 중요한 것은 그 대안을 찾아가는 방향이다. 그 목표가 지금까지 전 세계가 합의했던 단 하나의 약속, '지속 가능한 발전'을 향해야 한다는 사실은 분명하다.

- **선진국의 개도국 지원 방안 '의의'** : 기후변화가 인류 전체의 생존을 위협하는 상황에서 개도국과 선진국이 함께 공생할 수 있는 방안을 찾아나간다는 점에서 의미가 있다.

- **선진국의 개도국 지원 방안 '한계'** : 선진국의 개도국에 대한 지원만으로 모든 상황이 해결된다는 보장은 없다. 선진국의 지원을 아무리 선행한다 해도, 개도국의 기후변화 대응을 위한 행동은 경제 발전보다 우선순위에서 밀릴 수밖에 없다. 또한 브렉시트와 트럼프 정권의 수립으로 세계 경제에서 큰 부분을 차지하는 영미권의 환경보호 정책이 약화될 전망이다. 환경보호 분야에서 주도적인 역할을 수행해온 영국과 미국이 그 역할을 게을리하는 순간, 개도국에게 환경보호의 의무를 설득하기가 어려워질 것이다.

- **선진국의 개도국 지원 방안 '전망'** : 급격하게 변하는 국제 정세 때문에 개도국의 자금지원 범위가 확대되지 않을 가능성이 크다. 하지만 CTCN, TEC 그리고 COP 간의 협의를 통해 개도국 기술지원에 대한 대대적인 혁신 방안을 창출할 것으로 전망된다. 만일 그러한 혁신 방안이 나올 경우, 선진국은 개도국에게 '고기를 잡아주는 것이 아니라, 고기 잡는 법을 가르쳐주는 역할'을 수행할 수 있을 것이다. 그렇게 될 때 모두가 원하는 지속 가능한 발전의 미래로 한 걸음 더 나아갈 것이다.

4차 산업혁명 시대,
기후변화에 적응하는
인간과 기술

과학기술은 나날이 눈부신 발전을 이루고 있다. 그러나 과학기술의 발전이 거꾸로 인간에게 기후변화라는 커다란 과제를 안기고 있다. 인류의 발전과 함께 배출하는 온실가스의 양도 점점 늘어나는 중이다. 온실가스가 가져오는 기온의 변화 그리고 기후변화는 일상에서 체감할 만큼 우리 곁에 가까이 다가왔다. 단순히 과학기술 발전의 부산물 차원을 넘어 그 자체로 커다란 문제로 다가오고 있기에 당장 해결책을 찾아야 할 만큼 절박한 숙제가 됐다. 우리는 이미 현실로 닥친 기후변화에 적응하고 대응하기 위해 해결책을 진지하게 모색해야 한다.

　그런데 역설적이게도 이런 상황을 타개할 수 있는 방법은 또 다른 기술의 발전을 이루는 것이다. 증기 기관의 발명이 산업혁명을 일으키고 인간의 생활에 혁신을 가져왔던 것처럼, '4차 산업혁명'이 인류의 기후변화 적응에 혁신을 초래할 것이기 때문이다. 4차 산업혁명은 2016년 1월 20일 스위스 다보스 경제포럼에서 처음 언급한 개념으로, 그 핵심은 인공지능Al, Artificial Intelligence이다. 포럼에서는 인공지능이 자동화의 최전선에 적용되어 빅데이터를 분석하고 처리하는 등 인간만이 가능하다고 여겼던 업무 가운데 상당 부분을 수행할 수 있을 것이라고 전망했다. 그리고 저급 수준의 기술뿐 아니라 중급 수준의 숙련 기술에도 적용할 것이라고 예견했다.[1] 지난 2016년에 우리는 세계 최강의 바둑기사가 사람이 아닌 인공지능 알파고가 되는 것을 목격했다. 이 세기적 대결은 절대 대체할 수 없으리라 생각했던 사람의 역할을 로봇이나 인공지능이 대체할 수 있는 시대가 됐음을 선언하는 사건이었다. 그러나 다른 측면에서 볼 때 앞으로 인공지능이 이끄는 산업 분야의 혁신과 전반적인 발전은 인류에게 새로운 기회를 제공할 수 있음을 의미하며 특히 기후변화에 적응하고 대응할 수 있는 원동력으로 작용할 수 있다.

---

1) 장필성, 다보스 포럼 : 다가오는 4차 산업혁명에 대한 우리의 전략은?, 과학기술정책연구원, 2016.

IoST		에너지 이용 최적화
·IoST 보안 강화 ·산업 생산성 증대		·냉난방 시스템 에너지 효율 최적화 ·무인 자동차 운행 효율 최적화

가상현실	로봇
·인공지능을 통해 이용자의 행동, 시선, 음성을 이용한 상호작용이 가능	·지능형 로봇의 등장 ·로봇만으로 운영되는 농장

헬스케어	드론
·암 진단 인공지능(IBM 사의 왓슨) ·인공지능과 연동한 개인 건강관리 서비스 ·개인 맞춤 암치료	·드론 자율비행이 가능해짐 ·드론을 통한 구조, 효율적인 시설 유지 관리 가능

그림 4-1 인공지능과 융합한 미래 산업들   출처: 2017년 한국을 바꾸는 7가지 ICT 트렌드

인공지능은 과거에도 존재하였으나 최근 60년 만에 떠오르고 있는 이유는 무엇일까. 첫째, 클라우드 및 빅데이터 분석기술이 눈부시게 발전하면서 이전에는 상상할 수 없었던 많은 양의 데이터를 처리할 수 있게 됐다는 점이다. 이런 데이터를 주고받을 수 있는 초고속 네트워크 인프라가 갖춰졌기에 가능한 일인데, 인공지능이 활약할 수 있는 환경이 조성됐다고 할 수 있으며 이는 인공지능의 부상에 한 축을 마련했다고 볼 수 있다.

둘째, 인공지능 기술 자체의 발전이다. 초기의 인공지능은 단순한 문자와 도형을 인식하는 수준에 그쳤다. 그러나 인공지능 스스로 학습하는 머신러닝 기술의 발전에 따라 새로운 데이터를 인지하고 판단할 수 있게 됐다. 현재는 여러 데이터를 결합하고 분석하는 딥러닝 기술이 도입되면서 인공지능은 동작 및 음성 인식이 가능한 수준까지 발전했고, 인공지능 기술도 주목받게 됐다.

인공지능은 생각보다 빠르게 산업에 녹아들어 새로운 발전을 이룩하고 있다. 인공지능을 활용한 산업은 이미 전반에 퍼져 있다. 이제 그 예시 몇 가지를 소개하고, 더 나아가서 각 산업의 면면을 살펴보고자 한다.

첫째, 소물인터넷IoST, internet of small things과 인공지능의 결합이다. IoST는 저속, 저전력, 저용량 데이터의 특징을 가지는 사물들로 구성된 사물인터

넷IoT, Internet of Things 으로 그 특성 때문에 높은 보안 수준을 갖기가 힘들다. 이러한 IoST의 보안성 문제를 인공지능을 결합한 보안 시스템을 활용해 해결하고 있다. 그리고 인공지능과 IoST를 결합해 상품의 생산라인에 적용하고, 기존 인력이 수행하던 업무의 효율을 최적화해서 생산성 증대 효과도 높일 수 있다.

둘째, 인공지능의 발전에 따른 로봇 성능의 향상이다. 인공지능이 없는 로봇은 단순작업만 수행할 수 있는 수준에 그쳤다. 그러나 인공지능과 로봇이 결합함에 따라 로봇에게도 사람처럼 외부를 인식하고 그에 맞는 상황 판단을 내릴 수 있는 능력이 생겼다. 캐나다 몬트리올 대학, 맥길 대학 등은 혈관을 따라 움직이며 암세포를 인식해 공격하는 인공지능 나노로봇을 개발했다. 음성을 인식해 집안의 조명, 온도를 조절하기도 한다. 또 아마존의 '에코Echo' 같은 로봇이 이용자의 질문에 맞는 답을 찾아주고 원하는 편의기능을 제공하는 등 가정생활 전반을 지원한다. 음성 외에도 표정을 인식해 감정을 읽어내는 가정용 홈비서 로봇 '지보Jibo'도 세계의 주목을 받고 있다. 일본 교토에서는 인공지능 로봇만으로 운영하는 농장을 선보일 계획이다. 이처럼 인공지능과 로봇을 결합해 사용하면 그 가능성과 활용성은 무궁무진해진다.

셋째, 인공지능은 가상현실VR, Virtuality Reality 기술 발전에도 중요하게 활용되고 있다. 가상현실은 가상의 콘텐츠를 현실처럼 느낄 수 있게 하는 기술로 현실과 같은 감각을 구현하는 것이 중요하다. 그러려면 인간의 행동과 감각을 인지하는 것이 필요한데, 이를 수행하는 것이 인공지능이다. 인공지능이 이용자의 행동, 시선, 음성, 심지어 표정까지 인지해 상호작용이 가능한 단계까지 발전함에 따라 가상현실 기술도 크게 발전하고 있다.

넷째, 인공지능을 에너지 이용효율의 최적화에 활용한다. 인공지능을 활용해 온도, 기압, 전력 소비량 등을 데이터 기반으로 최적의 효율로 관리함에 따라 에너지 이용 효율을 최적화한다. 대표적 예로 근래에 각광받고 있는 무인 자동차 산업을 들 수 있다. 인공지능이 최적의 에너지 효율로 자동차를 운행함에 따라 연료 소비량을 줄이는 등 에너지 측면에서 많은 개선이 이뤄질 것으로 전망하고 있다.

다섯째, 헬스케어Health Care 분야에서의 인공지능 활용이다. 인공지능이 빅데이터를 분석하고 데이터를 기반으로 독자적인 판단을 내릴 수 있게 됨에 따라 헬스케어 산업에서 역할이 커졌다. IBM 사의 인공지능 슈퍼컴퓨터인 '왓슨Watson'을 암 진단에 이용해 전문의의 진단보다 높은 96퍼센트의 암 진단 정확도를 기록하고 있다.[2] 구글은 헬스케어의 인공지능 활용에 초점을 두고 있다. 2014년에 발표한 모바일 건강관리 플랫폼인 구글핏Google Fit에 인공지능에 기반을 둔 건강관리 기능을 도입하고 있다. 구글과 경쟁하는 애플도 2014년에 모바일 건강관리 플랫폼인 헬스킷Health kit을 발표했다. 마이크로소프트는 환자 개인별 암 진행을 인공지능으로 시뮬레이션해 개인 맞춤으로 암 치료법을 적용하는 서비스를 개발 중이다. 인공지능을 헬스케어에 적용했을 때의 효과가 분명하고, 그 활용 방안이 매우 다양하기 때문에 인공지능이 헬스케어 분야에서 차지하는 비중은 점차 늘어날 것으로 예상한다.

여섯째, 드론과 인공지능의 결합이다. 독자적으로는 비행이 불가능했던 드론에 인공지능을 결합해서 자율비행이 가능한 드론이 탄생했다. 이 덕분에 드론의 활용도가 크게 늘어났다. 산악지역의 구조작업에도 드론을 이용하고, 농경지 등에서는 실시간 상황 변화를 관찰함에 따라 생산성 증대와 효율적인 관리가 가능해졌다. 그뿐만 아니라 재난 상황의 발생 현장에서도 상황을 파악하는 데 드론을 효율적으로 활용하고 있다. 인간이 지섭 수행하던 송신탑 등의 시설 관리에도 드론을 사용할 전망이다.

또한 이 장에서는 위에 기술한 인공지능을 비롯한 4차 산업혁명의 혁신기술과 더불어 발전하고 주목받는 여러 기술의 면면을 들여다보고, 기후변

---

2) 디지털 기술이 혁신하는 헬스케어의 현재와 미래, 제2차 디지털헬스케어 글로벌 전략포럼 개최, 보도자료, 보건복지부, 한국보건산업진흥원, 2016. 3. 29.

화에 적응하는 인간과 기술에 대해 서술할 것이다.

4차 산업혁명의 핵심기술인 인공지능 및 IoT 기술들이 도시 환경 곳곳에 스며들어 적용하는 기후변화 감시/예측 기술 혁신의 미래상을 살펴보고, 기후변화 대응을 위한 저탄소형 신산업 창출의 방향과 미래에 대해서도 조망해볼 것이다. 이 밖에 4차 산업혁명의 혁신기술들이 어떻게 기후변화로 인한 리스트 관리 효율을 높일 수 있을지를 살펴볼 것이다. 그리고 기후변화라는 현재의 위기를 미래의 기회로 다가오게 하기 위해 우리는 어떠한 모습으로 적응하며 살아갈 것인지를 미래의 주요한 삶의 터전인 도시에 투영하여 고민해보려 한다. 특히 이 장의 마지막에서는 앞서 기술한 인공지능을 비롯한 첨단정보통신기술이 도시 곳곳에 반영된 미래형 도시, 스마트시티Smart City의 모습을 그려볼 것이다. 스마트시티를 통해 기후변화가 가져올 수많은 환경, 사회, 경제적 변화에 우리는 어떻게 대응하게 될 것인가에 대한 진지한 고찰이 필요한 시점이기 때문이다.

4차 산업혁명을 이끌 혁신기술들은 무궁무진한 가능성으로 융합산업 분야 전반에서 이미 적용하고 있는 기술이며, 앞으로 인류 사회를 더 크게 바꿔놓을 것이다.

해외 시장조사업체인 트랙티카Tractica는 최근 보고서에서 인공지능 시장의 규모가 2016년 6억 4370만 달러 규모에서 2025년에는 368억 달러 규모로 성장할 것으로 전망했다.[3] 미국, 유럽, 일본은 인공지능의 중요성을 파악하고 이미 많은 투자를 하고 있으며, 글로벌 기업의 투자규모도 빠르게 늘고 있다. 이에 발맞춰 한국도 2016년 3월 '지능정보산업 발전전략'의 추진을 발표하면서 인공지능 분야에 투자를 확대하고 민간의 투자도 유도할 계획이다.

4차 산업혁명이 화두로 떠오르고 있는 이 시점에서 기후변화에 적응하고 대응하기 위해서는 인공지능을 포함한 4차 산업혁명 혁신기술들에 대

---

3) Artificial Intelligence Revenue to Reach $36.8 Billion Worldwide by 2025, tractica, 2016. 8. 25.

한 투자 확대와 인프라 육성이 매우 중요하다. 특히 우리나라는 선제적인 투자를 통해 4차 산업혁명 대응 환경 조성에 힘써야만 앞으로 다가올 기후 변화에 적응하고 대응하는 지속 가능한 기후기술 산업에 국제적인 리더십을 갖게 될 것이다.

- 센서(sensor) : 빛이나 소리, 압력, 온도, 속도, 진동 등과 같은 물리적인 환경정보를 전기적인 신호로 바꿔주는 장치.

- 사물인터넷(IoT, Internet of Things) : 모든 사물을 연결해 사람과 사물, 사물과 사물, 사물과 시스템 간의 정보를 상호 소통하는 지능형 기술 및 서비스.

- 소물인터넷(IoST, Internet of Small Things) : 저에너지를 이용해 저용량의 데이터를 전송하는 통신기술.

- 초연결시대(Hyper-connected Society) : 디지털 기술로 사람과 사람, 사람과 사물, 사물과 사물, 온라인과 오프라인이 일대일 또는 일대 다수, 다수 대 다수로 긴밀하게 연결되는 사회.

- 국제로봇연맹(IFR, International Federation of Robot) : 국제로봇 표준화, 시장분석, 로봇 분류 등 전 세계 로봇 산업을 홍보, 강화 및 보호하기 위해 설립한 비영리 국제조직.

- 아이, 로봇(I, Robot) : 1940년부터 1950년까지 연재됐던 아이작 아시모프(Isaac Asimov)의 로봇 공상과학 소설 모음집.

- 인공두뇌학(cybernetics) : 인간 및 다른 유기체, 또는 기계의 내적 통신에 관한 연구의 총칭. 인공두뇌학의 제창자인 노버트 위너(Norbert Wiener)는 이 단어를 '행동의 목표지향적이고 의도적인 제어'라는 의미로 사용함.

- 인공지능(AI, artificial intelligent) : 컴퓨터 공학에서 이상적인 지능을 갖춘 존재, 혹은 시스템으로 만든 지능, 즉 인공적인 지능을 말함.

- 머신러닝(machine learning) : 분석 모델 구축을 자동화하기 위한 데이터 분석 기법의 일종. 데이터 반복 학습 알고리즘을 이용해 데이터에 감춰져 있는 의미와 통찰을 정확히 찾아낼 수 있도록 해주며, 컴퓨터가 스스로 학습할 수 있음을 뜻함.

- 딥러닝(deep learning) : 컴퓨터가 여러 데이터를 이용해 마치 사람처럼 스스로 학습할 수 있게 하기 위한 인공 신경망을 기반으로 한 기계 학습 기술. 인공신경망에 있는 다층(layers) 구조 형태의 신경망을 기반으로, 다량의 데이터에서 높은 수준의 추상화 모델을 구축하고자 하는 기법.

- 나노기술(NT, Nano Technology) : 10억분의 1미터인 나노미터 단위에 근접한 원자, 분자 및 초분자 정도의 작은 크기 단위에서 물질을 합성하고, 조립, 제어하며 혹은 그 성질을 측정, 규명하는 기술.

- 바이오기술(BT, Bio Technology) : 생물이 가지고 있는 고유한 기능을 높이거나 개량해 필요한 물질을 대량으로 생산하거나 유용한 물질을 만들어내는 기술.

- 정보기술(IT, Information Technology) : 다양한 형태(업무용 데이터, 음성대화, 사진, 동영상, 멀티미디어 프레젠테이션 및 심지어 아직 나타나지 않은 형태의 매체를 모두 포함)로 정보를 만들고, 저장하고, 교환하고, 사용하는 데 필요한 모든 형태의 기술.

- 인지과학(CS, Cognitive Science) : 인간의 마음과 동물 및 인공적 지적 시스템(artificial intelligent systems)에서 정보처리가 어떻게 일어나는가를 연구하는 학문.

- 정보통신기술(ICT, Information and Communication Technology) : 정보기기의 하드웨어 및

이들 기기의 운영 및 정보 관리에 필요한 소프트웨어 기술과 이들 기술을 이용해 정보를 수집, 생산, 가공, 보존, 전달, 활용하는 모든 방법을 의미함.

- 가상현실(VR, Virtual Reality) : 컴퓨터 등을 사용한 인공적인 기술로 만들어낸, 실제와 유사하지만 실제가 아닌 어떤 특정한 환경이나 상황 혹은 그 기술 자체를 의미함.

- 빅데이터(Big Data) : 기존 데이터베이스 관리도구의 능력을 넘어서는 대량의 정형 또는 비정형의 데이터 집합.

- 수치예보 : 대기현상의 역학 및 물리적 원리에 대한 지배방정식들을 컴퓨터를 활용하여 연속적으로 수치 적분함으로써 대기상태를 정량적으로 예측하는 일련의 과정.

- 저탄소 : 화석연료에 대한 의존도를 낮추고 청정에너지의 사용 및 보급을 확대하며 녹색기술 연구개발, 탄소흡수원 확충 등을 통하여 온실가스를 적정수준 이하로 줄이는 것을 말함. (저탄소 녹색성장 기본법 제2조)

- 소셜네트워크(SNS, Social Networking Service) : 사용자 간의 자유로운 의사소통과 정보 공유, 그리고 사회적 관계를 생성하고 강화시켜주는 온라인 플랫폼.

- 슈퍼컴퓨팅(Super-computing) : 병렬로 작동하는 다중 컴퓨터 시스템을 기반으로 매우 복잡한 문제나 데이터 문제를 처리하는 것을 의미함.

- 지리정보시스템(GIS, Geographic Information System) : 인간생활에 필요한 지리정보를 컴퓨터 데이터로 변환하여 효율적으로 활용하기 위한 정보시스템.

- 스마트시티(Smart City) : 정보통신기술을 활용해 도시의 주요 공공기능을 네트워크화한 도시로서, 도시 내 인프라를 효율적으로 운영하여 도시문제를 해결하고 안정성을 증대한 새로운 개념의 도시.

- 제로에너지빌딩(Zero Energy Building) : 건물 단열 기술을 통해 외부로 손실되는 에너지양을 최소화하고 태양광, 지열과 같은 신재생 에너지를 냉난방 등에 사용되는 에너지로 충당함으로써 에너지소비를 최소화하는 건물을 말함.

- 패시브 하우스(Passive House) : 능동적으로 에너지를 끌어 쓰는 액티브 하우스에 대응하는 개념으로, 건물 단열 기술을 적용한 건물로, 에너지 수요가 적은 건축물을 말함.

- 커넥티드 카(Connected Car) : 정보통신기술과 자동차를 연결시켜 양방향 인터넷 접속, 모바일 서비스 등이 가능한 자동차로, 유저(User)가 필요로 하는 생활환경과 연결되어 제어 및 관리, 명령을 실행할 수 있는 자동차.

- 열섬현상 : 도시 내부에 등온선을 연결하면 도시 상공의 등온선이 마치 바다에 떠 있는 섬의 등고선과 같은 형태를 띠고 있다 하여 붙여진 이름으로, 도시 내부의 기온이 주변의 교외 지역에 비해 높은 현상.

- 텔레메틱스(Telematics) : 통신(Telecommunication)과 정보과학(Informatics)이 합쳐진 용어로, 무선통신기술과 위치기반 정보의 결합 기술 및 응용 서비스를 말함.

- 핀테크(Fin-tech) : 금융(Financial)과 기술(Technology)이 합쳐진 용어로, 결제, 송금, 주식투자 등 전반적인 금융서비스를 모바일 환경에서 가능하게 하는 기술로 IT 기술을 기반으로 한 금융서비스를 말함.

4장

4차 산업혁명 시대, 기후변화에 적응하는 인간과 기술

초연결 사회의 핵심 기술, IoT

2015년 5월에 네덜란드 암스테르담에 문을 연 '디 엣지The Edge' 건물은 '세계에서 가장 친환경적인 빌딩'으로 뽑혔다. 전면 유리로 설계된 이 건물의 전기 사용량은 같은 크기의 일반 빌딩과 비교해 30퍼센트 수준에 불과하다. 건물 여러 곳에 설치한 2만 8천여 개의 센서가 각 층과 사무실의 직원 수, 실내외 온도, 냉난방 상황, 조명의 밝기 등을 실시간으로 수집해 건물의 중앙 서버에 전송한다. 중앙 서버는 센서가 전달한 데이터를 분석해 건물 곳곳의 조명과 냉난방 스위치를 조정한다. 이렇게 '디엣지' 건물은 인터넷으로 연결된 센서와 원격 스위치로 조명과 온도 조절해 상당한 에너지를 절감했다.[4]

이 밖에도 센서와 인터넷을 이용한 다양한 서비스는 일상 속에 침투해 있다. GPS 센서를 이용한 내비게이션, 팔찌나 시계의 형태로 착용하면 사용자의 심박수, 체온, 칼로리 소모량 등을 알려주는 피트니스 웨어러블 기기, 미세먼지 농도의 실시간 정보도 센서와 인터넷으로 이뤄진다.

---

4) 사물인터넷으로 빌딩 에너지 효율 3배, 조선비즈, 2016. 4. 8.

THINGS　　　　　GATEWAY　　　　NETWORK AND CLOUD

그림 4-2 IoT 개념도　　　　　　　　　　　　　　　　　출처: HUEVERTECH

센서는 빛이나 소리, 압력, 온도, 속도, 진동 등과 같은 물리적인 환경정보를 전기적인 신호로 바꿔주는 장치이다. 센서는 장치 주변의 상태를 감지해 데이터 형태로 변형해 알려준다. 센서에 인터넷 등 통신 네트워크를 연결해 데이터 정보를 실시간으로 전송하고, 센서 정보에 따라 연결된 액추에이터 actuator를 제어할 수 있는 환경이 구축됐다. 센서 및 기기들의 연결에 인터넷 환경과 모바일 기기의 보급으로 IoT라는 개념이 새롭게 나타난 것이다. 그림 4-2는 IoT의 개념도이다.

그림과 같이 모든 사물을 연결해 사람과 사물, 사물과 사물, 사물과 시스템 간의 정보를 상호 소통하는 지능형 기술 및 서비스를 IoT라고 한다. 그리고 그 가운데 한 분야인 IoST가 초연결 사회 시대의 핵심기술로 주목받고 있다.

기후환경 변화에 시시각각 대응 가능한 IoT

IoT로 모든 기기를 통신 연결해 데이터를 주고받음에 따라 작업 효율화, 편의성 증대 그리고 생산성 증대 등이 가능해진다. 그 가운데 한 분야인 IoST는 저에너지를 이용해 저용량의 데이터를 전송하는 통신기술이다.[5] IoST는 저성능 인터넷으로 실행 가능하다는 점에서 더 많은 기기를 연결해 초연결 사회 구현을 위한 통신기술로 각광받고 있다.

IoST에 연결한 센서는 조도, 온도, 움직임, 가속도 등 간단한 정보들을 실

---

5) "[알아봅시다] 소물인터넷", 디지털타임즈, 2015. 4. 22.

시간으로 측정해 전달한다. 또한 IoST 전용 저전력, 광대역 통신기술의 발전으로 IoST의 보급이 더욱 확대되면서 전력이 부족한 개도국에도 보급이 가능할 것으로 기대한다.

IoST를 통한 초연결 사회 구현을 위해서는 네트워크 기술, 플랫폼, 센서와 센서에서 전달받은 데이터의 분석 기술이 중요하다. IoT의 네트워크 기술은 두 가지가 있다. 하나는 기존의 네트워크를 활용해 별도의 기지국 구축 없이 사용이 가능한 기술 그리고 다른 하나는 더 적은 에너지와 낮은 성능을 위한 네트워크 기술이다. 따라서 용도에 맞게 네트워크를 설정해 산업 등의 분야에서 활용해 비용을 절감할 수 있다.

IoST의 활용 분야로 농축산업, 건설, 에너지, 자동차, 교통, 환경 등 다양한 산업을 들 수 있다. IoST는 각 분야에서 작업 효율의 증대와 비용 절감, 모니터링 등의 서비스가 가능하다.[6] 그 가운데 모니터링은 환경 분야에서 가장 많이 활용될 것이 예상돼 촉망받고 있다. 환경 데이터의 실시간 측정과 IoST를 이용한 데이터 전송으로 기후변화로 급변하는 환경변화를 파악할 수 있기 때문이다.

IoST는 아직 정착하지 않은 기술로 보안과 표준화 면에서 해결해야 할 문제점이 있다. 하지만 기존의 기술에 비해 더 넓은 지역에, 적은 전력으로 연결이 가능하다는 점에서 초연결 사회를 반영할 기술로 각광받는다. 현재는 전력 부족으로 접근이나 통신이 어려운 지역도 IoST를 통하면 연결할 수 있다. 또한 저전력을 이용한 통신기술이라는 점에서 전력 생산을 위한 탄소 발생량을 줄인다는 것도 매력적이다. 향후 광대역 통신을 통해 환경 데이터 측정이 가능한 지역의 범위를 넓혀 기후변화와 환경문제에 적극적으로 대응할 수 있는 환경 구축에 기여할 것이다.

---

6) 사물인터넷이 열어갈 새로운 세상: 문화기술 및 콘텐츠 분야에서 IoT 적용 가능성, 한국콘텐츠진흥원, 2013.

- **IoT의 '의의'** : IoT는 인터넷을 기반으로 사람과 사물, 사물과 사물, 사물과 시스템 간의 정보를 상호 소통하게 해준다. 이와 같은 IoT의 특성을 활용하여, 기후변화로 인해 변화하는 환경변화를 실시간으로 전송하여 즉각적인 대처를 할 수 있을 것이다.

- **IoT의 '한계'** : 개인정보 유출, 사이버 보안의 취약점 등 IoT의 보안적인 문제와 기기 호환을 위한 시스템 표준화의 부재는 IoT의 한계로 작용한다.

- **IoT의 '전망'** : 현재로서는 저전력, 광대역 통신기술인 IoST가 IoT의 방향성으로 보인다. 인터넷의 고질적 문제인 보안 강화와 기기호환을 위한 시스템 표준화 문제가 해결된다면, 네트워크, 센서, 엑추에이터 시장이 활성화돼 IoT가 더욱 부상하게 될 것이다. IoT의 활성화는 기후변화로 인해 시시각각 변화하는 환경에 즉각적인 대응을 가능하게 할 것이다. 또한 이러한 IoT 기술로 얻어진 데이터는 인공지능과 같은 다양한 미래 기술에 적용할 수 있다.

기후변화 대응체계에서 더욱 빛을 발할 지능형 로봇

로봇이라는 단어가 처음 등장한 것은 1920년 체코의 극작가인 카렐 차페크가 쓴 『로섬의 만능로봇R.U.R』이라는 희곡에서였다. 이 희곡에 나오는 기계에 체코어로 '노예', '강제된 고된 일'을 뜻하는 '로보타Robota'라는 이름을 붙이면서 널리 쓰이기 시작했다.[7] 로보타Robota에서 'a'를 빼고 오늘날 쓰는 인간을 닮은 기계 또는 인조인간을 지칭하는 로봇Robot이 됐다. 흔히 상상할 수 있는 인간의 형상을 닮고 인간과 같은 수준의 능력을 보이는 로봇의 개념이 처음 등장한 것은 1940년이다. 아이작 아시모프가 연재한 『I, Robot』이란 로봇 소설에서였다.[8]

오늘날 우리가 사용하는 로봇이라는 단어의 의미는 국제로봇연맹IFR, International Federation of Robot과 UN 유럽 경제위원회가 협의를 거쳐 작성한 ISO 8373에 따르고 있다. 이에 따르면 로봇은 '2개 이상 축에서 작동하는 프로그램이 가능한 기계로 일정 수준의 자동화가 이루어지고, 목표 과업을 수행하기 위해 동작하는 기계'이다. 이와 같은 로봇이 처음 등장한 것은 20세기 중반 이후이다. 1959년 미국의 발명가 조지 데볼Geoge Devol이 디지털 제어 및 프로그래밍이 가능한 최초의 산업용 로봇인 '유니메이트Unimate'를 개발했는데, 이를 현대 로봇 산업의 시초로 보고 있다. 산업용 로봇은 현재 제조업 분야 전반에 걸쳐 활용하고 있으며, 그 보급량 역시 꾸준히 증가하고 있다.

국제로봇연맹의 '월드 로보틱스World Robotics 2016' 보고서에 따르면 2015년 전 세계에 보급한 산업용 로봇의 숫자는 약 25만여 개로 추산하고 있다.[9] 산업 영역별로 살펴보면, 자동차38퍼센트, 전기전자25퍼센트, 금속12퍼센트 분야에서 로봇의 활용 비율이 높은 편이다. 산업용 로봇을 도입 중인 사업장의 비율도 증가하고 있다. 세계적인 컨설팅회사인 BCG는 보고서를 통해 산업용

---

7) Karel Čapek, 로섬의 만능 로봇(R.U.R., 원제: Rosumovi Univerzální Roboti), 1920.
8) Isaac Asimov, I,Robot, 1950.
9) World Robotics 2016 Industrial Robots, IFR, 2016.

로봇의 활용에 주목하면서, 로봇을 도입하는 사업장의 수가 연간 10퍼센트씩 증가해 2025년에는 400만을 돌파할 것으로 예상했다.[10] 하지만 이러한 로봇들은 한정된 공간에서 인간이 입력한 내용에 따라 단순 업무만을 반복하는 데 그쳐, 소설 속에 나오는 로봇과는 그 모습과 기능에 큰 차이가 있다.

1948년 미국의 수학자 노버트 위너는 인공두뇌학cybernetics 원칙을 처음으로 제시했다. 이로써 자율성을 가진 현대적인 개념의 로봇이 등장할 수 있는 이론적 기반을 마련했다.[11] 최근 인공지능 기술의 발달에 따라 좀 더 인간의 외형과 가까워진 로봇이 등장하고 있다. 일본의 소프트뱅크 사는 2014년 주위 상황을 파악해 스스로 판단하고 행동하며, 사람의 표정과 목소리를 분석해 의사소통하는 인공지능 로봇인 '페퍼Pepper'를 선보인 바 있다. 페퍼는 일본 내 일반 매장에서 고객응대 서비스, 관광안내, 교육 분야 활용 등의 업무를 수행하고 있다. 미국의 아마존 로보틱스 사는 자사 물류창고에 물류용 로봇인 '키바'를 도입해 운영비용을 약 20퍼센트 감축했다.[12]

다양한 분야에서의 지능형 로봇 활용 촉진 필요

이처럼 지능형 로봇 기술이 산업 현장뿐만 아니라 일상생활까지 영향을 미치면서 세상의 모습을 크게 바꿔놓을 가능성이 크다. 다가오는 미래에는 지속적인 인구 증가와 고령화로 2060년에는 세계 인구가 99억 6천만 명에 다다를 것으로 전망하고 있다.[13] 이에 따라 식량소비량도 현재보다 70퍼센트 이상 증가할 전망이다.[14] 그러나 농작물을 생산할 일손은 감소하고 있다. 또한 도시화와 사막화 그리고 기후변화가 속도를 더하게 돼 농작물을 생산할 수 있는 경작지가 감소하고, 안정적인 농업용수 공급을 보장하기 어려워지고 있다. 이런 문제를 해결하기 위해 자동으로 농작물을 수확하는 로봇부터

10) The Robotics Revolution, The Boston Consulting Group, 2015.
11) Norbert Wiener, Cybernetics: Or Control and Communication in the Animal and the Machine, 1948.
12) 박대수, 인공지능(AI) 시대의 ICT 융합 산업 전망, 2016.
13) 세계와 한국의 인구현황 및 전망, 통계청, 2015.
14) How to feed the world in 2050, Food and agriculture Organization of the United Nations, 2009.

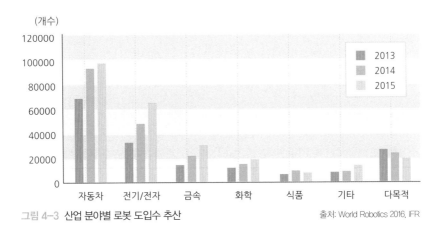

그림 4-3 산업 분야별 로봇 도입수 추산 　　　　　출처: World Robotics 2016, IFR

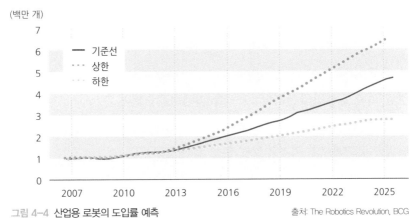

그림 4-4 산업용 로봇의 도입률 예측 　　　　　출처: The Robotics Revolution, BCG

원예용 로봇에 이르는 다양한 농업용 로봇이 등장하고 있다. 그리고 기후변화에 대응하기 위한 연구용 목적으로 기후변화를 측정하는 로봇도 이용한 바 있다. 로봇은 기후변화를 추적하고 지구온난화를 예측하는 역할을 했다.

　기존 로봇 관련 기업과 로봇 관련 학계의 협력으로 다양한 분야의 로봇활용 촉진이 필요하다. 특히 다가오는 미래의 기후변화에 활용할 수 있는 기술을 개발하는 환경이 중요하며, 인공지능 기술을 적용한 지능형 로봇을 기후변화에 대응하는 신산업 및 연구 분야에 활용하는 길이 확대되고 있는 이때, 세계시장을 선점하는 것이 중요하다.

- **로봇의 '의의'** : 로봇은 2개 이상 축에서 작동하는 프로그램이 가능한 기계로 일정 수준의 자동화가 이뤄지고, 목표과업을 수행하기 위해 동작하는 것으로 인간 및 설비에 유용한 서비스를 제공한다.

- **로봇의 '한계'** : 산업용 로봇의 활용이 활발해지면서 로봇을 도입하는 사업장의 수가 증가했다. 그러나 한정된 공간에서 인간이 입력한 내용에 따라 단순 업무만을 반복하는 데 그친다는 한계를 가진다.

- **기후변화 대응체제에서 로봇의 '전망'** : 지능형 로봇 기술의 발전으로 앞으로 자동적으로 작업을 수행하는 로봇이 산업 현장뿐만 아니라, 일상생활에도 깊숙이 침투할 것으로 예상한다. 또한 예측이 어려운 기후변화에 대응하는 신산업 및 연구 분야에 인공지능 기술을 적용한 지능형 로봇을 적용하는 것으로 로봇의 역할이 커질 것으로 기대한다. 이러한 로봇의 특성은 기후변화 대응체제에서 더욱 빛을 발해 인간이 쉽게 접근할 수 없는 대기권, 해저 영역 등에서 기후변화의 흔적과 근거를 찾는 역할을 수행할 것으로 예측된다.

인공지능 활용, 인류의 미래와 직결된 문제

인공지능 로봇이 등장하는 수많은 영화가 있었다. 2000년에 개봉한 로빈 윌리엄스 주연의 '바이센테니얼 맨', 2001년에 개봉한 스티븐 스필버그 감독의 'A.I', 2004년에 개봉한 윌 스미스 주연의 '아이, 로봇I, Robot' 그리고 2013년에 개봉한 '그녀Her'가 대표적이다. 각 영화에서는 지능을 가진 로봇의 등장으로 편리해진 인간의 삶을 그리는 한편, 인간의 삶을 위협하는 이야기가 동시에 나온다. 대다수는 이러한 영화 속 이야기를 가까운 미래의 이야기 정도로 여겼다. 그러나 2016년 3월, 이러한 이야기가 더 이상 영화 속 미래의 일이 아니라 눈앞의 현실로 드러난 사건이 발생했다. 바로 이세돌 9단과 인공지능인 '알파고AlphaGo'의 대결에서 알파고가 승리한 것이다.

인간이 인공지능과 대결해서 패배한 것이 처음은 아니다. 1997년 체스 세계 챔피언 '게리 카스파로프'와 슈퍼컴퓨터 '딥 블루 Deep Blue'의 대결에서 딥 블루가 승리한 적이 있다.[15] 하지만 이와는 다르게 알파고의 승리가 충격을 준 것은 수많은 경우의 수와 인간의 경험 그리고 직관이 필수인 바둑만큼은 인공지능이 인간의 두뇌를 뛰어넘을 수 없는 영역이라고 여겼기 때문이다.

여기서 주목할 점은 딥 블루와 알파고의 설계 방식의 차이다. 딥 블루를 설계할 당시 인공지능은 모든 행동에 대한 반응을 개발자가 직접 프로그래밍하는 방식이었다. 여기서 문제점은 특정 목적을 위해서 만든 인공지능은 그 해당 목적에서만 사용 가능하다는 것이다. 상황이 바뀔 경우 해당 인공지능은 더 이상 사용할 수 없다. 그래서 딥 블루는 체스 이외의 용도로는 사용이 불가능했다. 이와는 대조적으로 알파고를 설계한 머신러닝machine learning 기법은 수많은 바둑 대국을 학습한 뒤, 기계 스스로 예측 모델을 만든다. 이는 데이터의 종류만 바꾼다면 어디에든 사용할 수 있다는 것을 뜻한다.

머신러닝을 이용해 인공지능으로 발전하게 된 것은 기술이 진일보한 덕

---

15) 김영삼, 「반상 위의 전쟁」, 깊은나무, 2016.

그림 4-5 영화 '그녀(Her)'의 한 장면. 남자 주인공 '테오도르'와 인공지능 '사만다'

분이다. 머신러닝 기술 자체는 1959년도에 등장했지만, 당시에는 기계를 학습시킬 데이터의 양이 충분하지 않았다.[16] 기술의 발전과 함께 방대한 데이터의 수집 및 저장이 가능해지면서 머신러닝을 위한 데이터의 축적이 가능해졌다.

알파고에서 사용한 머신러닝 기법은 기존의 방법들과 차이점이 있다. 알파고에서 사용한 '딥러닝deep learning'은 수많은 머신러닝 기법 가운데 인간의 신경계를 모방한 신경망 모델에 기반을 두고 있다. 신경망 층의 깊이를 변화시켜서 인공지능의 성능을 향상시키는 것이다. 그리하여 미래를 예측하는 일이 더욱 복잡하고 정교해졌다.

기후변화로 인한 이상기후와 기상상태 실시간 예측 가능

앞에서 설명한 바와 같이 딥러닝은 데이터의 종류만 바꿔서 다양한 분야에 응용과 활용이 가능하다. 현재 딥러닝을 응용한 개발 연구 분야는 총 5가지이다. 시각지능, 언어지능, 공간지능, 감성지능 그리고 요약·창작 분야가

---

16) Arthur L. Samuel, "Some studies in machine learning using the game of checkers", IBM Journal of research and development, 1959.

있다.[17] 이러한 분야는 기존의 인공지능 프로그램으로 개발하는 데 어려움이 있었다. 그러나 지금은 머신러닝 기법을 도입해 성능이 향상됐다. 한 예로 초기에 동물 사진을 구분할 경우, 귀를 세모로 지정하고 얼굴을 동그라미로 지정하는 등의 동물의 특성을 하나씩 설정해서 동물을 분류했다. 그래서 귀가 보이지 않는 동물 사진은 분류를 하지 못했다. 하지만 머신러닝 기법에서는 다양한 동물 사진을 학습하고 이를 기반으로 동물들을 분류한다. 따라서 분류에 대한 오차를 줄일 수 있다.

지금까지는 중요하지 않아서 혹은 저장할 방법이나 적합한 처리 방법이 없어서 버려야 했던 데이터가 많았다. 인공지능이 각광받기 시작한 이유는 바로 그런 데이터의 가치를 새롭게 조명하고 활용할 수 있게 돼서다. 과학기술의 발달로 대용량 데이터의 저장 및 처리가 가능해진 덕분이다. 현재 다양한 산업 분야에서 이 방법을 활발하게 사용하고 있으며, 그동안 해결하지 못했던 인류문제를 풀기 위해서도 다방면에서 연구가 진행 중이다. 특히 21세기 인류가 당면한 가장 큰 문제인 기후변화와 관련해서도 활발하게 연구를 진행하고 있다. 그동안은 대용량의 데이터 때문에 저장이 어려웠고, 어떻게 사용할지 몰랐던 기상 이미지 및 기상 데이터들을 활용하기 시작한 것이다.

어쩌면 인공지능의 개발은 인간의 무한한 상상력과 호기심에서 시작했을 수도 있다. 단지 인간처럼 생각하는 기계를 만들고 싶었던 어느 과학자 혹은 공학자의 생각이 우리를 여기까지 데려왔을 수도 있다. 하지만 이제 호기심만 가지고서 인공지능을 바라볼 수는 없다. 인류가 앞으로 인공지능을 어떻게 사용해 살아갈지 그 방법을 고민해야 한다. 기후변화 대응 및 적응 기술 분야에서 인공지능을 활용하는 것은 인류의 미래와 직결된 중요한 문제이며, 큰 도움이 되는 분야이기도 하다. 기후변화가 가져오는 이상기후와 기상상태를 실시간으로 예측하는 데 활용하는 등 방법은 다양하다. 실시간 기상 레이더 이미지, 센서를 통해 수집한 기상관측 데이터 그리고 소셜 네트워크

---

17) "국내 첫 '인공지능' 전문 민간연구소 설립된다", 연합뉴스, 2016. 3. 17.

서비스 등을 통해서도 가능할 것이다. 인공지능이 예측한 기상 정보를 바탕으로 농업, 상업, 서비스업 등 다양한 산업 분야에서 갑작스러운 기상이변으로 인한 피해를 최소화할 수 있을 것으로 예상된다.

- **인공지능의 '의의'** : 인공지능이란 인간의 지능으로 할 수 있는 사고(thinking), 학습(learning), 자기계발 등을 컴퓨터가 할 수 있도록 그 방법을 연구하는 컴퓨터공학 및 정보기술의 한 분야이다. 인간의 지능적인 행동을 모방할 수 있도록 하는 소프트웨어로 컴퓨터가 인간이 가진 지적능력의 일부 또는 전체를 인공적으로 구현한 것을 말한다.

- **인공지능의 '한계'** : 인공지능이 학습하지 않은 경우에는 터무니없는 판단과 결정을 할 가능성이 높다. 그뿐만 아니라 자율적으로 작동하는 인공지능이 사고를 일으킬 경우 피해 책임을 누가 맡을 것인지에 대한 문제도 있다.

- **기후변화 대응체제에서 인공지능의 '전망'** : 가까운 미래에 인공지능은 자율주행 시스템으로 크게 주목받을 것이다. 그리고 로봇 어드바이저가 지금보다 고도로 발달할 것으로 본다. 실시간 기상 레이더 이미지, 센서를 통해 수집한 기상관측 데이터 그리고 소셜 네트워크 서비스 등을 발전된 인공지능 기술과 접목시키면 기후변화가 가져오는 기상상태 변화를 실시간으로 예측할 수 있을 것이다.

현실로 들어온 가상현실

2000년대 초부터 기술의 흐름은 NBIC로 가고 있다. NBIC란 나노기술NT, Nano Technology, 바이오기술BT, Bio Technology, 정보기술IT, Information Technology, 인지과학CS, Cognitive Science을 결합한 용어이다. 이 가운데 IT 기술이 미래기술의 중심으로 부흥하고 있다. 정보통신기술ICT, Information and Communication Technology 산업은 IT 기술의 성장에 따라 같이 수직상승 중이다. 그중에서도 가상현실VR, Virtual Reality은 국내외적으로 제품 이용자가 대폭 증가하고 있으며 이에 따라 시장 규모도 크게 확대될 것으로 보인다.

가상현실이 처음 등장한 것은 160여 년 전이며, 예전부터 공상과학 영화의 소재로 등장해온 만큼 새로운 기술은 아니다. 그런데 최근 구글, 삼성전자 등 대기업이 가상현실 시장에 참여하면서 일반인들도 쉽게 접할 수 있게 되었고 이제는 ICT 산업의 가장 핵심적인 이슈로 급부상했다.

가상현실이란 인공적인 기술을 활용해 현실 세계에서는 경험하거나 실제로 얻기 힘든 환경 등을 제공하고, 시각, 청각, 후각, 미각, 촉각 등 인간의 오감을 자극해 실제처럼 느껴지게 하는 기술이다. 또한 360도로 펼쳐지는 영상에 청각을 자극하는 음향까지 더해 사용자의 몰입도를 더한다. 외부 디바이스와 연결해 가상현실에서 구현하는 상황과 상호작용을 할 수 있기 때문에 활용도가 넓을 것으로 판단한다.[18]

2016년 전 세계를 강타한 '포켓몬 고' 게임으로 가상현실과 증강현실의 인지도가 높아졌다. 게임과 같은 엔터테인먼트 계열에 접목해 개발하고 있는 가상현실은 사실 제조업이나 의학, 교육 등에도 사용하는 중이다. 앞으로는 기후변화 대응기술에도 활용할 것으로 예상된다. 1장과 3장에서도 다루었듯이 파리협정 이후 목표치를 달성하기 위해 정부는 신기후체제 대응을 위한 기술혁신 로드맵을 작성하고 대응기술을 분류했다.[19] 이러한 상황에서

---

18) 정부연, 가상현실(VR) 생태계 현황 및 시사점, 정보통신정책연구원, 2016.
19) 박노언 외, 기후변화 대응기술의 현주소 분석을 통한 투자효율성 개선연구, 한국과학기술기획평가원, 2016.

그림 4-6 **가상현실로 구현한 롤러코스터를 즐기는 아이들**　　　　　출처: https://www.sixflags.com

그림 4-7 **가상현실을 이용한 부천 기후변화체험관**　　　　　출처: 제이유엑스

가상현실을 제조업에서 활용하면 생산품을 제작하기 전, 설계도 제품을 구현함으로써 오류가 발생한 부품이나 설계를 찾고 수정할 수 있다. 이렇듯 제조공정을 최적화하게 되면 불필요한 에너지와 재료사용을 절감하게 돼 결과적으로 정부에서 추진하는 계획에 부합할 수 있다.

가상현실, 기후변화 대응기술로 활용 가능

가상현실은 인공지능의 발달에 따라 같이 발전하고 있다. 인공지능이 기후변화 예측 모델을 정밀화하면 이를 가상현실을 이용해 기후변화 예측 시뮬레이터에 적용한다. 그러면 데이터로만 봤던 미래예측 결과를 시각화해서 현실처럼 실감나게 느낄 수 있다. 이를 교육적 측면에 적용할 경우, 일반인들이 생각하지 못했던 미래를 가시화함으로써 기후변화의 심각성을 알릴 수 있다. 그렇게 되면 국가 차원이 아닌 개인 차원에서도 기후변화에 관심을 가지고 탄소저감을 위해 노력할 것으로 예상한다.

- **가상현실의 '의의'** : 가상현실이란 어떤 특정한 환경이나 상황을 컴퓨터로 만들어서 사용자가 실제 주변상황, 환경과 상호작용을 하는 것처럼 경험하게 하는 인간과 컴퓨터 사이의 인터페이스를 말한다.

- **가상현실의 '한계'** : 현재 가상현실은 교육, 의료, 산업 등 여러 분야에 접목해 실용화하고 있지만 자주 언급되는 문제들이 있다. 첫째는 기기의 가격과 화면 반응 속도 등 기본적인 '기기 성능' 부분, 둘째는 현실 적응력 저하와 가상현실상 범죄 발생 우려 등 '윤리적' 부분, 마지막은 기기를 착용할 때 발생하는 어지럼증과 구토 등 '생리적' 부분이다. 기기의 문제는 기술이 발전하면서 개선했지만, 윤리적 문제와 생리적 문제는 여전히 난제로 남아 있다.

- **기후변화 대응체제에서 가상현실의 '전망'** : 기술 발전이 가져올 가상현실은 산업 전반의 지형을 혁신적으로 바꿔놓을 것으로 예상한다. 가상현실 회의나 전문직 훈련, 유명 미술관 박람, 원격진료 등 다양한 분야에 활용해 거리, 비용, 시간의 문제를 해결할 것으로 전망하고 있다. 이러한 가상현실 기술의 특성을 반영해 교육에 적용할 경우, 일반인들이 생각하지 못했던 미래를 가시화함으로써 기후변화의 심각성을 알릴 수 있다. 그렇게 되면 이해와 공감대가 이루어져 개개인이 기후변화에 관심을 가지고 탄소저감을 위해 노력할 것으로 예상한다.

새로운 의료 패러다임의 변화, 디지털 헬스케어

　지구온난화가 진행되면서 여름철에 폭염이 빈번하게 발생하고 있다. 고온 환경에서 하는 신체활동은 심부온도 및 피부온도를 상승시키고, 고체온증, 호흡곤란, 온열질환 등의 질병을 유발할 수 있다.[20] 이에 따라 사회·경제적 비용과 질병 부담이 증가해 국가 차원의 건강관리 유지비용도 상승할 전망이다. 질병 부담이란 인구집단의 이상적 건강수준과 실제 건강수준 간의 차이를 뜻하는 말로, 차이가 클수록 해당 질병의 심각성이 크다는 것을 의미한다.[21] '기후변화로 인한 폭염 영향과 건강 분야 적응대책'[22] 보고서에 따르면, 서울시에 거주하는 30세 이상 75세 미만의 성인 801명을 대상으로 한 조사에서 폭염으로 사망한 사람의 1인당 경제적 손실을 약 3억 6,976만 원으로 추정하고 있다. 또한 폭염으로 여름 평균기온이 1℃ 상승하면 연간 약 2만 5,300명, 심뇌혈관계 질환으로는 연간 2만 7,200명의 질병 부담이 생길 것으로 예상한다. 또한 지구온난화로 병해충 및 모기, 진드기와 같은 감염 매개체가 한반도로 북상하면서 피해가 급증하고 있다. 더불어 폭염, 홍수 증가로 매개체 감염성 질병도 확산하는 양상을 보이고 있다.

　사회경제적 비용과 질병 부담은 지구온난화뿐만 아니라 고령화 때문에도 증가하고 있다. 미국 통계국의 '늙어가는 세계 2015[An Aging World:2015]'[23]에 따르면, 2015년 일본의 65세 이상 인구 비율은 40.1퍼센트, 우리나라의 경우 35.9퍼센트로 10명 중 4명이 65세 이상이다. 2050년에 우리나라는 전체 인구 4337만 명 가운데 1557만 명이 65세 이상이 되어, 일본 다음으로 세계 2위 고령화 국가가 된다. 한국은 고령화가 급속하게 진행 중인 일본[37년], 태국[35년], 중국[34년]보다도 빠른 속도인 27년 만에 초고령사회에 진입했다. 또한 2050년

20) 기후변화로 인한 건강피해 부담 및 사회경제적 영향평가 관련 연구, 한국건강증진재단, 2014.
21) Yoon SJ, Bae SC., Current scope and perspective of burden of disease study based on health related quality of life, J Korean Med Assoc 2004; 47: 600-602.
22) 기후변화로 인한 폭염 영향과 건강 분야 적응대책, 이수형, 한국보건사회연구원, 2016.
23) An Aging World: 2015, Wan He, et al., 2016.

세계 평균 기대수명은 2015년보다 7.6년이 늘어나 76.2세가 되리라 예상한다. 일본과 싱가포르의 경우 91.6세로 세계 1위에 올랐고, 한국은 84.2세로 5위를 기록했다.

이처럼 날로 늘어가는 기대수명과 함께 건강수명도 늘어날까? 기대수명이 늘어나는 만큼 빈곤이나 질병 없이 건강한 삶을 사는 기간도 따라 늘어나면 좋겠지만 실상은 그렇지 못하다. '대한민국 미래보고서'[24]에 따르면 과거 20년 자료를 분석한 결과, 1년의 수명 연장은 0.8년의 건강수명 연장과 관련이 있었다. 한국의 경우 80여 년을 살면서 약 10년을 질병에 시달리며 여생을 보낸다. 기대수명이 늘어나는 만큼 애석하게도 질병에 걸리는 기간 또한 늘어나는 것이다. 이때 사람들은 주로 고혈압, 당뇨, 암, 뇌졸중, 심혈관계 질환 등 만성적인 질환과 퇴행성 질환으로 고생한다. 따라서 급속한 고령화는 질병 부담뿐만 아니라 의료비를 포함한 사회·경제적 비용도 증가하게 만들 전망이다.

초고령사회를 향해 가고 있는 시대에 발맞추어 의료 패러다임도 전환하고 있다. 18세기에서 20세기 초까지는 전염병 예방을 위한 '헬스케어 1.0: 공중보건의 시대'였다. 그리고 20세기 말까지는 질병 치료로 기대수명을 연장하기 위한 '헬스케어 2.0: 질병 치료의 시대'였다. 21세기에 들어서서 현재까지는 질병을 예방해 건강수명까지 연장하려는 '헬스케어 3.0: 건강수명의 시대'가 도래했다.[25] 이와 함께 4차 산업혁명 시대를 맞이하면서 빅데이터, IoT, 인공지능, 로봇, 3D 프린팅 등 혁신적인 신기술이 헬스케어에 도입될 것이다. 이를 '디지털 헬스케어'라고 하는데, 활용 영역으로는 원격의료, 모바일 헬스케어, 디지털 헬스케어 시스템, 빅데이터 분석을 활용한 헬스케어가 있다.

---

24) '융합과 초연결의 미래, 전문가 46인이 예측하는 대한민국 2035' 대한민국 미래보고서, 국제미래학회, 2015.
25) 헬스케어 3.0 건강수명 시대의 도래, 삼성경제연구소, SERI 연구보고서, 2012. 8.

디지털 헬스케어, 기후변화로 인한 질병 부담 해결에 도움

원격의료는 ICT 기반의 인터넷, 모바일 기기 등 통신망을 이용해 의사가 환자를 원격으로 진단하는 시스템이다. 원격의료는 기후변화 질병과 고령화에 따른 의료비 부담을 줄여줄 수 있다. 젊은 사람들에 비해 65세 이상 노인 인구가 병원을 더 많이 찾을 수밖에 없다. 그러나 노인 인구는 거동의 불편 등의 이유로 병원 등원에 어려움을 겪는다. 원격의료 시스템을 도입하면 불필요한 방문을 줄일 수 있고, 거동이 불편한 환자의 경우 직접 방문하지 않아도 진단이 가능하다.

미국은 이미 발 빠르게 원격의료 도입을 추진했다. OECD 국가에 비해 평균 의료비 부담이 2배 가까이 되고, 국토가 워낙 넓어 대면 진료를 받기 어려운 경우도 많기 때문이다. 미국의 최대 원격진료 서비스업체인 텔라독 Teladoc은 화상채팅을 통한 원격진료 서비스를 제공 중이다. '닥터 온 디맨드 Doctor on Demand'는 응급상황이 발생하면 의사와 화상으로 상담할 수 있는 서비스인데, 이러한 원격진료 시스템은 실제로 의료비 절감으로 이어졌다. 또한 모바일 앱을 이용해 채팅으로 의사와 24시간 상담을 지원하는 '퍼스트 오피니언 First Opinion'이 있다. 병원에 가기 전에 의사와 상담을 하면 불필요한 방문을 줄이게 돼 의료비를 절감할 수 있다.[26]

세계 1위 고령화 국가인 일본도 원격의료를 도입했다. 일본 정부는 2015년 원격의료의 보급을 확대하기로 했다. 2016년부터 일본 IT 기업의 원격의료 서비스 지원이 활성화되고 있다. 원격의료 플랫폼 서비스인 포트 메디컬 Port Medical과 IoT 기업인 OPTIM 그리고 의료정보 제공 기업인 MRT는 '포켓 닥터 Pocket Doctor', '애스크 닥터 Ask Doctors' 등을 공동 개발했다. 이러한 원격의료 서비스는 모바일 기기를 통해 이용할 수 있으며, 24시간 의사와 상담이 가능하다.[27]

모바일 헬스는 스마트폰, 웨어러블 디바이스 Device, 의료 센서 등을 이용해

---

26) 2017 한국을 바꾸는 7가지 ICT 트렌드, KT경제경영연구소, 2016.
27) 4차 산업혁명 시대, 일본의 의료·헬스 케어 산업, KOTRA, 2016.

질병을 예방하고 건강한 삶을 영위하고자 하는 사람들의 욕구를 반영했다. 일상에서 사람들이 많이 사용하는 것으로 '액티비티 트래커Activity Tracker'가 있다. 걸음 수, 심장 박동 수, 이동거리, 칼로리 소모량, 수면 패턴 분석 등 활동량을 측정하는 것이다. 2015년 기준으

상담자 화면   의사 화면

그림 4-8   일본의 원격의료 서비스 '포켓 닥터'
출처: OPTIM

로 액티비티 트래커 시장의 27퍼센트를 차지하는 미국의 '핏비트Fitbit'는 밴드와 스마트 워치, 클립 형태 등 다양한 제품을 선보이고 있다. 이 외에도 애플의 '애플 워치', 중국 샤오미의 '미밴드', 한국에서는 삼성의 '스마트 밴드'가 있다. 최근에는 인공지능을 활용해 실시간으로 데이터를 분석하고 고객 맞춤형 서비스도 제공하고 있다. 모바일 기기의 앱App, Application으로 실시간 생체 정보를 수집하면, 미국의 IBM 슈퍼컴퓨터 '왓슨Watson'이 인공지능을 활용해 분석하고 그 결과에 적합한 정보까지 제공한다. 인공지능을 도입한 대표적인 사례로는 미국의 패스웨이 지노믹스Pathway Genomics에서 건강관리에 대한 조언을 제공하기 위해 출시한 앱 'OME'가 있다. 그리고 일본에는 소프트뱅크 통신사의 '퍼스널 바디 서포트Personal Body Support'가 있다. 이 외에도 인공지능 기반의 서비스를 제공하는 다양한 앱이 출시돼 이용하고 있다.[28]

    인간이 살면서 평생 동안 만들어내는 헬스케어 관련 데이터양은 1인당 최대 1,100테라바이트terabytes라고 한다.[29] 전 세계적으로 헬스케어 관련 빅데이터 양은 2020년까지 연평균 48퍼센트씩 증가할 전망이다. 이렇게 방대한 데이터를 인간이 수집하고 분석하기에는 한계가 따른다. 앞서 말한 시스템들 또한 빅데이터 분석이 우선적으로 이뤄졌기에 가능했다. 빅데이터 분석

28) 2017 한국을 바꾸는 7가지 ICT 트렌드, KT경제경영연구소, 2016.
29) IBM, 2014.

그림 4-9 미국 MD앤더슨 암센터에서 활용하는 인공지능 왓슨 출처: IBM

에 '왓슨'과 같은 인공지능을 활용하면, 수많은 과거 의료기록을 수집하고 분석해 암, 특수 질환 병명, 신약 후보 물질 선정 등을 진단할 수 있다. 이렇게 빅데이터를 활용하면 오진율을 낮춰 효율성 있는 치료가 가능해진다. 또 의료비 절감과 신약 개발 부담도 줄일 수 있다. 사망률 1위인 폐암은 오진율이 높아 진료 정확도를 높이기 위한 인공지능 도입을 활발하게 진행하고 있다. 미국의 헬스케어 스타트업 기업인 엔리틱Enlitic은 인공지능이 폐 영상을 판독하는 프로그램을 개발했다. 이 프로그램으로 검사 시간이 절반으로 줄고, 폐암 진단 정확도가 50퍼센트 높아졌다.[30]

앞으로의 기후는 더 급속하게 변할 것이다. 폭염과 폭우의 주기가 점점 더 짧아져 폭염의 주기는 기존 20년에서 2 ~ 5년으로 줄어들 것이다. 폭우의 빈도 또한 기존 20년에서 5 ~ 15년으로 짧아질 것이다.[31] 이에 따라 비정상적으로 더운 날씨와 폭우가 빈번해져 그와 관계된 질병 피해도 이전보다 커질 것이다. 그러나 앞서 언급했던 빅데이터 분석, 인공지능을 활용하면 매개체 감염성 질병의 이동과 확산 경로를 예측해 조기경보가 가능하다. 또한 센서, IoT/ICT, 인공지능을 활용해 실시간 원격진단 및 처방 서비스도 할 수 있다.

---

30) 2017 한국을 바꾸는 7가지 ICT 트렌드, KT경제경영연구소, 2016.
31) 기후변화 적응을 위한 극한현상 및 재해 위험 관리, IPCC, 2012

그리하여 대면 진료가 어렵거나 자국에서 백신을 구하기 어려운 경우에 원격진료를 통해 약이나 백신을 배송해주는 시스템이 마련된다면, 치료가 더 빨라지고 질병 확산도 막을 수 있다.

IT 강국인 한국도 디지털 헬스케어 산업에 뛰어들어 병원과 통신사 간의 협업과 헬스케어 수출 등을 하고 있다. 그러나 선진국에 비해 헬스케어 관련 규제가 완화되지 않아 국내 도입은 주춤하는 실정이다. 보수적인 의료 문화와 규제, 보험적용, 개인정보, 원격의료, 유전자 정보 등이 디지털 헬스케어 산업을 가로막고 있다.[32] 시대가 급속하게 변하고, 기술도 빠르게 개발하고 있지만, 규제는 과거에 머물러 있어 장벽이 높다. 기후변화와 4차 산업혁명에 대비하기 위해서는 정부의 유연한 정책이 절실하다.

- **기후변화 대응체제에서 디지털 헬스케어의 '의의'** : 디지털 헬스케어는 기후변화에 따른 질병과 고령화로 인한 의료비 부담을 덜어줄 수 있다. 원격의료, 모바일 헬스케어, 디지털 헬스케어 시스템, 빅데이터 분석을 활용해 다방면으로 헬스케어를 이용할 수 있으며, 인공지능 도입으로 의료 진단의 정확도를 높일 수 있다.

- **기후변화 대응체제에서 디지털 헬스케어의 '한계'** : 미국, 일본, 영국, 독일 등 선진국에서는 각 정부가 디지털 헬스케어를 활성화하기 위해 기술 개발뿐만 아니라 정책적으로 지원하고 있다. 반면에 한국은 디지털 헬스케어 관련 기술 수준이 선진국 대비 평균 77퍼센트에 그치고 있다.[33] 헬스케어 관련 규제가 완화되지 않아 국내 도입 활성화에 한계가 있다.

- **기후변화 대응체제에서 디지털 헬스케어의 '전망'** : 4차 산업혁명으로 미래는 더 급속하게 변모할 것이므로 디지털 헬스케어의 기술 발달과 도입도 촉진될 것이다. 한국에 헬스케어를 도입하고 실현하기 위해서는 정부의 유연한 정책이 필요하다. 또한 다양한 창업 지원 서비스를 제공해 헬스케어 스타트업을 활성화시켜야 한다. 디지털 헬스케어 산업의 확대는 시시각각 변화하는 기상상태로 인해 갑작스럽게 발생하는 질병치료에 도움이 되어 사회적 비용절감에 큰 기여를 할 것으로 전망한다. 그뿐만 아니라 앞서 언급한 IoT와 인공지능 기술을 디지털 헬스케어 기술과 융합할 때, 기후변화로 인해 발생할 수 있는 매개체 감염성 질병의 이동과 확산 경로를 예측하여 조기경보 할 수 있을 것이다.

---

32) [바야흐로 '디지털 헬스' 시대] 의료기술은 선진국 규제는 후진국, 중앙시사매거진, 2016. 3. 14.
33) 기후변화 적응을 위한 극한현상 및 재해 위험 관리, IPCC, 2012.

기후변화 적응을 돕는 환경 감시자, 드론

드론drone은 사람이 타지 않고 무선 전파의 유도로 비행하는 비행기 또는 헬리콥터 모양의 소형 비행체이다. 처음에는 군사용 목적으로 사용했는데 적지의 위치 파악을 위한 정찰, 테러리스트 요인 암살 등을 위해 개발하고 활용되면서 무기로서 역할도 톡톡히 해냈다. 이후 드론은 기술의 발전과 더불어 소형 기기의 미세 제어 기술의 발달과 센서 등이 개발되면서 군사용으로만 머물지 않게 됐다. 취미로 드론을 사고, 농업에 드론을 이용하는 등 다양한 분야에 활용되기 시작한 것이다. 특히 환경 감시 목적으로 드론 연구가 활발히 진행되면서 사람을 해치는 도구가 아니라 인간 생활에 도움을 주는 새로운 산업으로 발전해가고 있다.

현재 드론 산업의 규모는 급속도로 커지고 있다. 미국가전협회CEA에 따르면 드론 산업 규모가 2015년에는 1억 3000만 달러 수준이며, 2020년에는 10억 달러까지 증가할 것으로 전망했다.[34] 또 미국의 방산전문 컨설팅 기업인 틸 그룹Teal Group은 2014년 64억 달러였던 드론 시장의 규모가 10년 후에는 약 910억 달러까지 늘어날 것으로 예상했다. 전망치는 다르지만, 한 가지 공통된 사실은 해가 갈수록 드론의 미래 시장가치가 폭발적인 성장을 계속한다고 본다는 점이다.

드론을 상업 목적으로 활용한 것 가운데 가장 대표적인 것은 카메라를 탑재해 촬영하는 것이다. 최근 들어 드론으로 저비용 고품질의 영상 촬영이 가능해지면서 그 활용 범위 또한 넓어지고 있다. 인기를 끌었던 영화 '캡틴 아메리카: 시빌 워2016'에도 드론이 등장해 눈길을 끌었다. 그 외에 우리나라의 예능 촬영 등에서도 드론을 널리 활용하고 있는데, '1박 2일'이라는 예능 프로그램에서는 드론으로 촬영하면서 무인도로 식재료를 배달하기도 해서 재미와 화제를 불러일으켰다. 이 밖에 드론이 가진 모니터링 시스템의 장점을

---

34) CES, 미국가전협회.

활용하기 위해 세계 각국 기업은 선진화한 모니터링 시스템을 구축하는 연구를 활발히 진행하고 있다. 3D 지도를 활용한 토양조사, 열 감지센서를 이용한 수원 조사, 초분광센서를 탑재한 원격 수질 조사 등 많은 분야에서 드론을 활용할 수 있다.

더욱 확대될 드론의 무한 가능성

앞에서 보았듯이 기존에는 주로 드론을 감시 및 촬영을 위해 활용해왔다. 하지만 최근 들어 건설, 운송, 보험, 미디어 및 엔터테인먼트, 통신, 농업, 광업, 산림 병충해 조사, 조난 수색, 응급 물품 수송 등 다양한 분야에서 활용하고 있다. 특히 인공지능과 드론 운용 기술(자동 주행 알고리즘, 전자벽 기술 등)의 발전으로 이제는 드론의 단순한 활용에 그치지 않을 전망이다. 예측과 분석뿐만 아니라 심지어 드론 자체가 노동 자원의 역할까지 하게 되리라고 내다보고 있다. 예를 들면 건설현장에서도 시설물의 관리뿐만이 아니라 기자재를 운송하고, 건설에도 직접 참여하는 드론이 등장할 것이다. 스위스 취리히의 연방공과대학에서는 드론을 이용해 8m 길이의 다리 건설을 시연하면서 드론이 직접 건설에 참여할 수 있다는 가능성을 시사했다.[35] 또한 인공지능을 이용해 건설현장의 위험 요소 예측에도 활용할 수 있다.

드론은 현재 여러 기업에서 관심을 기울이고 있으며, 새로운 기술 개발과 관련 연구를 활발히 진행하고 있다. 아마존의 드론을 이용한 자동 배송 프로젝트가 가장 대표적인데, 이 서비스는 저비용 고효율의 신개념 무인 택배의 시대를 열었다. 그 외에 차 배송, 음식 배달에도 시험적으로 운용하고 있다. 최근에는 승객을 태워 비행할 수 있는 드론까지 공개되면서 드론의 가능성이 무한함을 보여줬다.

이처럼 상업용 드론이 활용 분야를 넓혀 가고 있지만, 안타깝게도 아직까지는 그 장벽도 높은 편이다. 드론 기술과 관련한 가장 시급하고 중요한 과

---

35) 스위스 취리히 연방공과대학(ETH Zurich) 연구팀 시연 연상자료, 2015. 9. 18.

그림 4-10 무인 택배 운송 드론 '아마존 프라임 에어'　　　　　　　　출처: 아마존 닷컴

제는 배터리의 무게 및 충전 용량의 제한을 해결해 비행시간 한계를 극복하는 것이다. 또한 드론의 대중화를 더디게 만드는 가장 큰 원인인 정부 규제도 문제이다. 드론 기술의 발전에 따른 프라이버시 침해, 안전성 문제 등 새로운 문제들이 등장하면서 우리나라를 포함해 EU, 미국, 중국 등의 주요국은 드론 운영에 관한 법규를 준비하고 있다. 업계와 전문가들은 드론에 대한 안전관리를 강화하는 것에는 동의하면서도 규제 강화로 이어져서는 곤란하다고 입을 모으고 있다.

기후변화 적응 기술 분야에서 큰 도움이 되는 드론

국내 드론 산업은 여타 선진국에 비해서는 불완전한 편이지만, 잠재성이 높다는 평가를 받고 있다. 우리나라는 2016년 미래창조과학부 등 관계부처 협동으로 마련한 국가과학기술심의회에서 '무인이동체 발전 5개년 계획'을 확정했다. 이로써 2020년 673억 달러로 예상하는 무인이동체 시장의 성장성에 주목하고, 발전전략을 수립해 대응하려는 움직임을 보여줬다.[36] 국내 산

---

36) 무인이동체 산업 활성화 및 일자리 창출을 위한 무인이동체 발전 5개년 계획(안), 국가과학기술심의회, 관계부처 합동 보도자료, 2016. 6. 30.

그림 4-11 19세기 프랑스 화가 장 마르크 코트의 2000년도 상상도

업의 촉진을 위해서는 드론의 안전성 연구가 가장 먼저 선행돼야 한다. 또한 배터리, 센서, 소프트웨어 개발 등 상업용 드론의 핵심 부품들에 대해서도 연구 지원이 필요하다. 국내에는 드론의 핵심 요소와 관련해 높은 기술력을 지닌 기업이 다수 존재한다. 사회 각계가 협력해 상업용 드론 개발에 투자한다면, 국내 상업용 드론 산업 역시 세계적인 수준에 이를 것이라고 예상한다.

드론 산업은 그림 4-11에서 보는 것처럼 과거부터 상상만 해왔던 일들을 현실로 만들고 있다. 그리고 그 상상을 넘어 더 큰 잠재성과 가능성을 보여주고 있다. 이제는 그 잠재성을 폭발시키기 위해 고민해야 할 때이다. 한때 극악무도한 무기였던 드론을 경제적인 발전뿐만 아니라 인류를 살리는 방향으로 어떻게 극대화시킬지 고민해야 한다. 그 일환으로 기후변화 적응 기술 분야에서의 드론의 역할을 생각할 수 있다. 급격히 변하는 기후 속에서 드론을 이용한 환경 감시는 기후변화 예측 및 대응에 가장 기본이 되는 체계적이고 과학적 근거자료를 제공할 수 있을 것이다. 기상이변으로 인류와 생태계가 입은 피해를 복구하는 데도 무궁무진하게 활용할 수 있을 것으로 예상한다.

- **드론의 '의의'** : 처음에 군사용으로 사용했던 드론이 이제는 농업용, 촬영용, 운송용, 환경 감시용 등 사회 전반에 걸쳐 활용도가 높아지고 있는 추세이다. 인공지능과 드론 운용 기술의 발전으로 예측 및 분석, 노동 자원의 역할까지 할 것으로 전망돼 드론 활용의 무한한 가능성을 보여준다.
- **드론의 '한계'** : 상업용 드론이 활성화되고 있지만, 배터리의 무게 및 충전 용량 제한으로 비행시간이 짧은 것이 한계점으로 지목된다. 우리나라를 비롯해 EU, 미국, 중국 등의 정부는 드론 운영에 관한 법규를 준비 중인데, 우리의 경우 정부 규제로 대중화가 더디게 진행되고 있다.
- **기후변화 대응체제에서 드론의 '전망'** : 국내 드론 산업은 선진국에 비해 아직 불완전하지만, 잠재력이 크다. 국내 드론 산업 활성화를 위해 드론의 안전성에 대한 연구를 선행해야 한다. 그리고 상업용 드론의 핵심 부품들에 대한 연구 지원이 꼭 필요하다. 사회가 협력해 상업용 드론 개발에 적극 투자한다면, 한국의 상업용 드론 산업은 세계적인 수준에 이를 것이다. 또한 급격히 변하는 기상·기후 상황에서 드론을 이용한 환경 감시는 기후변화 예측 및 대응에 가장 기본이 되는 체계적이고 과학적 근거자료를 제공할 수 있을 것이다.

미래 유망기술, 기후변화 필수 감시·예측 기술

　최근 세계 곳곳에서는 예상되지 못한 이상기후 현상이 빈번하게 발생함에 따라 사회경제적 피해가 날로 증가하고 있으며, 특히, 농업, 교통, 에너지, 산림, 환경, 보건 등 다양한 분야에 피해와 영향을 주고 있다. 전 세계에서 발생한 이상기후 현상을 예로 들면, 아시아의 경우 열대우림기후인 동남아지역은 봄 이상 고온 속에 가뭄에 시달렸으며, 중국 남부지역은 최고 235mm 폭우로 인해 이재민 165만 명이 발생하였다. 독일에서도 예상하지 못한 폭우로 인하여 약 6천억 원에 달하는 피해액이 발생하기도 하였다.[37] 이와 같은 이상기후 현상은 국내에서도 나타난다. 지구온난화로 인하여 1973년 이래 우리나라 연 평균온도가 2016년 최고로 높았으며, 장마기간이 짧아지고 지역적으로 강수량 편차가 크게 나타났다.[38] 또한 기존 미세먼지 현상이 갈수록 심화되어 야외활동자제로 인한 소비감소와 호흡기 질환이 큰 이슈가 되고 있다. 위와 같은 이상기후에 의한 사회경제적 피해를 최소화하기 위해서는 '필수 감시·예측 기술'을 기반으로 기후변화에 대한 대비가 필요하다.

　필수 감시·예측 기술이란 기상 및 기후변화 현상을 관측하고 기후변화 예측모형을 개발하여 단기적인 기상변화와 장기적인 기후변화를 전망, 고품질 기상정보를 제공해 국가 및 지역 단위, 각종 산업별, 부문별 기후변화 적응정책을 수립하는 데 도움을 주는 기술이다. 이러한 '필수 감시·예측 기술'은 작게는 사람들의 의상, 교통수단, 스케줄 관리부터 크게는 건설시공 여부, 공연/행사 기획, 항공운항, 농업활동 등에 이르기까지 의사결정에 미치는 영향이 상당하다. 현재 제공되는 기상정보가 위와 같은 많은 영역에서 유용하게 사용되고 있지만, 반면에 잘못된 기상예측 정보로 인하여 겪는 불편과 피해 또한 있어 기상예보에 관한 국민들의 만족도와 신뢰도가 크게 떨어져 있는 실정이다. 기상예보의 부정확성을 개선하기 위해서는 기존 기상관

---

37) 잦아진 지구촌 폭염·폭우… 이상기후가 '뉴 노멀'된다, 한경진, 조선닷컴, 2016.
38) 2016년 이상기후 보고서, 관계부처합동, 2016.

표 4-1 2016년 국내 이상기후 기록

발생시기	이상기후 현상
1월	우랄산맥 동쪽에 상층기압능의 발달로 찬 공기가 유입되어 한파 발생
4월	고온 다습한 공기의 유입으로 평균기온 최고 2위 및 강수량 최다 5위 기록
5월	고온현상 발생으로 1973년 이래 우리나라 평균기온 최고 1위 기록
7월	기압계 정체로 극심한 폭염 및 열대야 현상 발생
	초반(1~6일)에 장마강수량의 67%가 내려 평년과 비슷했던 장마 강수량
10월	잦은 저기압과 태풍 차바의 영향으로 강수일수 최다 1위 및 강수량 최다 3위 기록

측 시스템부터 예측 시스템까지 총체적인 변화가 필요하다. 기존 '기후변화 감시'는 직접관측_{지상강우계, 기상 레이더}과 정지궤도 위성을 활용하여 한반도와 그 주변을 관찰하며, 이를 바탕으로 수치예보 모델을 통해 단기 및 장기 기상예보 정보를 제공한다. 이러한 기존 감시기술은 한반도 전체를 아우를 뿐만 아니라, 주변국과 연계를 한다면 전 지구적 범위로 기상을 감시하고 해석할 수 있는 좋은 수단이다. 하지만, 현재 발생하고 있는 국지성 이상기후 현상을 감시하고 해석하기에는 기존 기술의 공간해상도_{이미지의 한 화소가 표현 가능한 지상면적}가 크므로 이를 극복할 필요가 있다.

따라서 이번 파트에서는 4차 산업혁명 혁신기술과 기상기술의 융합을 통하여 기상 감시의 공간해상도를 향상시키고 예측 기술의 정확도를 향상시킴으로써 고품질 기상정보를 제공할 수 있는 미래 유망기술을 소개하려 한다.

기상 상세 모니터링 및 전망 기술

새로운 '필수 감시·예측 기술'이란 신기후체제에 따라 기후변화에 대응하기 위하여 환경 센서와 IoT 기술 그리고 인공지능 기술을 접목하여 빅데이터의 효과적인 분석에 따라 광역적 기후변화 대응뿐만 아니라 국소적 기후변화에도 대응할 수 있는 기술이다. 이 기술의 구성요소는 기상 상세 모니터링 및 전망 기술, 대기 중 탄소·미세먼지 감시·추적 기술, 기후 예측 고도화 및 고정밀화 기술로 구분된다.

'기상 상세 모니터링 및 전망 기술'은 이동형 IoT 센서를 기반으로 실시간

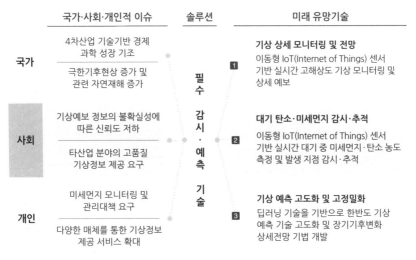

국가·사회·개인적 이슈	솔루션	미래 유망기술
국가 4차산업 기술기반 경제 과학 성장 기조 극한기후현상 증가 및 관련 자연재해 증가	**필** **수** **감** **시** **·** **예** **측** **기** **술**	**1 기상 상세 모니터링 및 전망** 이동형 IoT(Internet of Things) 센서 기반 실시간 고해상도 기상 모니터링 및 상세 예보
사회 기상예보 정보의 불확실성에 따른 신뢰도 저하 타산업 분야의 고품질 기상정보 제공 요구		**2 대기 탄소·미세먼지 감시·추적** 이동형 IoT(Internet of Things) 센서 기반 실시간 대기 중 미세먼지·탄소 농도 측정 및 발생 지점 감시·추적
개인 미세먼지 모니터링 및 관리대책 요구 다양한 매체를 통한 기상정보 제공 서비스 확대		**3 기상 예측 고도화 및 고정밀화** 딥러닝 기술을 기반으로 한반도 기상 예측 기술 고도화 및 장기기후변화 상세전망 기법 개발

그림 4-12 필수 감시·예측 기술 솔루션과 미래 유망기술

으로 고해상도 기상 모니터링 정보를 제공하고 해당 정보를 기반으로 향후 기상 변화를 예보하는 기술이다. 여기서 이동형 IoT 센서란 이동체^{대중교통 및} 일반차량에 환경 센서^{강우량, 미세먼지, 온도, GPS} 등를 탑재하여 도심지역뿐만 아니라 지상에서 직접관측이 불가능한 교외지역까지도 환경 모니터링이 가능한 것이다. 이 기술은 IoT 기술을 통해 실시간으로 측정정보와 위치정보를 전송하는 기술로, 시공간적으로 방대한 빅데이터를 제공하므로 인공지능 기술 및 환경모형과의 연계를 통해 고해상도 기상예보를 할 수 있다. 이는 기존의 고정된 지상 관측 중심의 환경 모니터링 방식에 비해 능동적/유동적으로 기상 환경 분석이 가능함을 의미한다. 연구개발을 통해 기상 상세 모니터링 및 전망 기술이 상용화된다면 기상측정 분야에서 '이동체 기반 환경 스마트 센서' 시장이 새로 형성될 수 있을 것으로 기대된다. 이와 함께 선진화된 실시간 모니터링 기법을 통한 환경 정보에 근거하여 기존 기상과 환경 예보 정확도에 대한 불안감을 해소시킬 수 있으며, 중장기 기후변화 대응 대책을 위한 기초자료로 활용, 대응 정책 개발과 국민 환경복지 실현에 이바지할 수 있다.

대기 탄소·미세먼지 감시·추적 기술

'대기 탄소·미세먼지 감시·추적 기술'은 앞서 소개한 '기상 상세 모니터링 및 전망 기술'과 유사한 개념이지만, 모니터링 및 감시의 대상과 목적에 차이가 있다. 모니터링 대상 물질은 대기 중 탄소농도와 미세먼지 농도이며, 최종 목적은 이동체 IoT 센서 기반 모니터링 정보를 바탕으로 대기질 오염을 유발하는 원인을 규명하고, 오염원 발생 지점을 추적하여 대기질 개선 대응 정책에 기여하는 것이다. 이 기술은 두 가지 측면에서 미래에 꼭 필요한 기술이다. 첫째는 파리협정 타결로 2020년부터 우리나라를 포함한 모든 협약 당사국이 탄소저감 의무를 가지게 됨에 따라 탄소배출과 대기 중 탄소농도의 모니터링 시스템이 선진화될 필요가 있다는 것이다. 둘째는 최근 환경 관련 문제들 중에서 국민들에게 가장 관심이 높은 미세먼지 현상을 해결하는 데 기여할 수 있다는 점이다. 미세먼지 현상에 대한 관심이 높아지면서 미세먼지 현상과 관련된 연구와 투자가 증가하고 있지만, 계측장치의 오류로 낮은 신뢰도 때문에 미세먼지 현상의 발생 원인에 대한 의견이 분분하다. 실례로 2017년 4월 기준 전국의 집중측정소 6곳의 지난 15개월 치 일별 측정 자료를 분석한 결과, 일주일에 이틀 꼴로 측정오류가 발생하였다.[39] 따라서 국가 차원의 '대기 탄소·미세먼지 감시·추적 기술' 개발이 이루어진다면 2030년까지 이행해야 하는 탄소저감 정책에 기여할 뿐만 아니라 미세먼지 현상의 과학적 원인을 규명하고 부정적 영향을 최소화할 수 있을 것이다.

기후 예측 고도화 및 고정밀화 기술

마지막으로 소개할 기후기술은 '기후 예측 고도화 및 고정밀화 기술'이다. 기후 예측은 단순히 기후만이 아닌, 대기·해양·빙권·지표면·생물권을 포함하는 지구 기후 시스템의 변화를 포함한다.[40] 기후변화 예측 기술은 슈퍼컴퓨터를 이용해 지구 시스템 모형을 과거 기후모의실험과 IPCC 시나리오

---

39) 못 믿을 미세먼지 측정… 걸핏하면 '먹통', 이슬기, KBS, 2017.
40) 녹색기후기술백서2017, 미래창조과학부, 2017.

그림 4-13 **필수 감시·예측 기술 혁신이 적용된 도시안(혹은 예시)**

를 기반으로 2100년까지의 미래 기후를 전망하고, 이를 기반으로 상세규모의 한반도 기후를 전망하여 이상기후 현상의 상세분석 자료를 제공한다. 현재 기후변화전망 자료는 약 12km 해상도로 산출되는데, 기후변화 적응대책을 수립하기 위해서는 1km 이하의 고해상도 자료가 요구된다. 따라서 장기적이고 지속적인 투자하에 슈퍼컴퓨터를 기반으로 딥러닝 등 인공지능 기술을 통한 기후변화 예측 기술이 개발될 경우, 미래 극한이상기후 현상의 공간적 범위와 강도를 예측하여 효과적으로 예방할 수 있다.

앞서 소개한 세 가지 '필수 감시·예측 기술'의 세부기술은 현재 환경기술만으로는 재현하기에 한계가 있지만, 4차 산업혁명 혁신기술, 나노 소재 기술, 슈퍼컴퓨팅 기술들과 융합한다면 머지않아 우리 주변에 실현되어 미래 지속 가능한 생활환경에 많은 혜택을 줄 것이다.

- **필수 감시·예측 기술의 '의의'** : 전 세계적으로 이상기후 현상이 빈번하게 발생함에 따라 사회경제적 피해가 증가하여 단기적인 기상예보에서 장기적으로 이상기후 현상에 대한 정확한 예측의 중요성이 증가하고 있다. 필수 감시·예측 기술은 기상 및 기후변화 현상을 관측하고 예측모형을 통해 고품질 기상정보를 제공하는 기술로서, 기후변화 적응정책을 수립하는 데 도움을 주는 기술이다.

- **필수 감시·예측 기술의 '한계'** : 현재 기상관측기술은 고정된 지상 관측소와 기상 레이더 그리고 정지궤도 위성을 활용하여 분석하기에 기상정보의 공간해상도가 낮은 제약이 있으며, 측정 장치와 예측 기술의 오류로 인하여 기상예측정보의 신뢰도가 낮은 실정이다.

- **기후변화 감시·예측 기술의 '전망'** : 기상산업은 일상생활뿐만 아니라 사회경제활동의 의사결정에 상당한 영향을 미친다. 따라서 장기적이고 지속적인 투자와 관심 속에 정보통신, 센서, 슈퍼컴퓨팅 등 첨단기술을 활용, 정확도와 신뢰도가 보장된 기상·기후 예측 기술을 개발한다면, 지해예방 및 국민 건강증진에도 기여할 것으로 기대된다. 아울러 혁신기술의 해외수출을 통해 기상산업 시장이 확대될 것으로 전망한다.

저탄소형 에너지 네트워크 구축이 필요한 때

전 세계적으로 산업화 및 도시화로 인한 환경문제, 자원 고갈, 에너지 소비 문제와 같은 여러 폐해가 나타나고 있다. 이 때문에 현대의 여러 선진 도시들은 탄소자원의 의존도가 높았던 기존의 도시 구조를 탈피하고 산업화 및 도시화로 인한 문제를 해결하고자 지속 가능하고, 자연 친화적인 도시구조로의 전환[41]을 꾀하고 있다. 이에 차세대 지속 가능한 도시 모델의 대안으로 스마트시티가 떠오르고 있다. 그리고 급격한 기술의 발전과 함께 찾아온 기후변화로 인해 스마트시티의 핵심기조는 기후변화에 적응하는 스마트시티가 되었다.

도시 단위에서 기후변화에 적응하기 위해서 우리나라는 다양한 에너지 정책을 추진하여 총 에너지 소비의 최소화 및 효율 향상에 많은 노력을 기울였다. 그러나 안정적인 에너지 공급과 에너지 이용 효율 향상을 위한 노력에도 불구하고 현재의 급변하는 국제 에너지 및 경제 환경에 선제적으로 대처하지 못하고 있으며, 지속적 경제발전을 뒷받침하지 못하고 있다.[42] 특히 기후변화에 대응하는 정책에 따른 탄소배출 규제와 에너지 거래시장과 같이 기존에 존재하지 않았던 새로운 규제 및 시장에 대한 적절한 대처가 어려웠다. 이에 급격한 에너지 환경 변화와 기후변화에 성공적으로 대응하기 위하여 필요한 도시 개념으로 저탄소 에너지 절약형 도시가 생겨났다.[43] 저탄소화 도시란 기후변화 문제에 적극적인 대응을 위해 탄소배출을 완화하고 발생하는 탄소를 저감시키는 기후기술을 적용한 도시를 말한다. 저탄소형 에너지 도시는 탄소라는 환경적 요소와 효율적인 에너지 이용 측면의 경제적 요소를 모두 고려하여 안정적이고 지속적인 경제성장을 견인하는 도시의 역할로 인식되어 빠르게 수용되고 있다.

41) 저탄소 녹색도시와 집단에너지, 국토연구원, 2011.
42) 저탄소사회를 위한 신재생에너지 역할, 박영구, 물리학과 첨단기술, 2009.
43) 저탄소 에너지 절약형 도시계획의 정책과제 및 추진 전략, 오용준 외, 충남발전연구원, 2009.

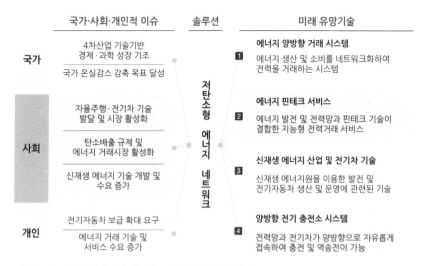

국가·사회·개인적 이슈	솔루션	미래 유망기술

국가
4차산업 기술기반 경제·과학 성장 기조
국가 온실가스 감축 목표 달성

사회
자율주행·전기차 기술 발달 및 시장 활성화
탄소배출 규제 및 에너지 거래시장 활성화
신재생 에너지 기술 개발 및 수요 증가

개인
전기자동차 보급 확대 요구
에너지 거래 기술 및 서비스 수요 증가

저탄소형 에너지 네트워크

1 에너지 양방향 거래 시스템
에너지 생산 및 소비를 네트워크화하여 전력을 거래하는 시스템

2 에너지 핀테크 서비스
에너지 발전 및 전력망과 핀테크 기술이 결합한 지능형 전력거래 서비스

3 신재생 에너지 산업 및 전기차 기술
신재생 에너지원을 이용한 발전 및 전기자동차 생산 및 운영에 관련된 기술

4 양방향 전기 충전소 시스템
전력망과 전기차가 양방향으로 자유롭게 접속하여 충전 및 역송전이 가능

그림 4-14 저탄소형 에너지 네트워크 솔루션과 미래 유망기술

기후변화는 생태계, 자연, 산업·경제, 문화 등 생활 전반에 걸쳐 광범위한 파급효과를 초래할 것이라 예상된다. 특히, 신기후체제하에서 지구적 탄소배출 감축 계획과 이행에 따른 탄소배출 감축 비용 증대로 기존 산업계는 저탄소형 산업구조로 변화하고 있다.[44] 또한 저탄소형 기술 및 산업과 관련된 거대 시장이 형성되고 있으며, 세계 각국은 새로운 시장의 선점을 위해 노력하고 있다. 기후변화 대응 정책에 따른 탄소배출 규제 대응과 거래시장 활성화 및 에너지 신산업 육성을 아우르는 이른바 '저탄소형 에너지 네트워크' 구축이 필요한 시점이다.

저탄소형 도시를 구성할 신재생 에너지 산업

저탄소형 에너지 네트워크를 구축함에 있어서 탄소배출을 직접적으로 완화하여 기후변화 적응에 능동적으로 대응하는 기술로는 신재생 에너지 발전을 들 수 있다. 신재생 에너지 발전은 태양열, 풍력, 바이오매스, 연료전지,

44) 저탄소 녹색성장의 구현과 생활기반구축을 위한 관련 법제의 대응, 한상운, 한국법제연구원, 2009.

지열 등과 같은 지속 가능한 에너지원을 이용한다. 그뿐만 아니라 저탄소형 에너지 기술을 선도하기 때문에 신재생 에너지원을 이용한 발전 산업의 중요성은 더욱 부각되고 있다. 신재생 에너지원 중앙 발전 시스템과 함께 건물 단위나 마을 차원의 신재생 연계 소형 발전 시스템도 중요한 기술로 떠오르고 있다. 건물의 에너지 이용 효율을 높이는 단열패널 및 진공 다중창을 비롯한 단열 기술, 조명 기술 및 고효율 기자재 등 건물의 에너지를 저감하는 요소 기술의 연구와 개발 역시 중요하다. 궁극적으로 신재생 에너지 산업은 발전 사업을 넘어서 건물일체형 태양광 발전이나 건물일체형 풍력 발전과 같은 공공건물 및 상업건물의 신재생 에너지 통합 설계 기술에까지 적용되어 저탄소형 도시를 구성할 것이다.

저탄소화 산업발전의 큰 축을 담당할 전기자동차

석유자원 고갈에 대한 우려와 탄소배출에 대한 국제적 규제 강화는 에너지원 패러다임의 변화와 함께 세계 자동차 시장에도 큰 영향을 미칠 것이다. 기존 석유자원을 연료로 하는 내연기관 자동차는 전기자동차로 대체될 것이다. 전기자동차는 배터리와 전기모터를 사용하여 구동되며, 배터리와 모터의 역할이나 전기를 이용하는 방식에 따라 몇 가지로 구분된다. 하이브리드 자동차는 내연기관 엔진과 전기모터 두 가지를 동시에 사용하는데, 전기는 주로 엔진 구동력을 통해 생산하며 일부는 회생제동 브레이크 시스템으로부터 생산하여 사용한다. 플러그인 하이브리드 자동차는 배터리와 전기모터를 동력원으로 사용하고, 배터리가 방전되었을 경우 보조 동력원인 내연기관 엔진이 작동한다. 순수 전기자동차는 내연기관이 존재하지 않고, 배터리와 전기모터의 동력만으로 구동된다. 이러한 배경하에 순수 전기자동차는 효과적인 온실가스 감축수단으로 부상하고 있다.[45] 전기자동차가 상용화되면서 저탄소화 산업 발전에 큰 축을 담당하게 되고, 전기자동차 규제와

---

45) 전기자동차 보급 전망 및 정책 시사점, 최도영, 세계 에너지시장 인사이트, 2013.

• 신재생 에너지 산업 및 전기차 기술
• 양방향 전기 충전소 시스템
• 에너지 양방향 거래 시스템 (B2B/B2C/C2C)
• 에너지 핀테크 서비스

B2B Business To Business
B2C Business To Consumer
C2C Consumer To Consumer
V2B Vehicle To Building
V2H Vehicle To Home

그림 4-15 저탄소형 에너지 네트워크(예시)

제도가 구축되어 도시에 보편화될 것이다.

전기 자동차 기술과 함께 가역적 송전 기술의 발전도 기대된다. 가역적 송전 기술로 인해 전력망과 전기차가 양방향으로 접속하여 충전 및 역송전이 가능한 인프라 또한 구축될 것이다. 평상시에는 전기자동차를 주행하는데 배터리의 전력을 사용하다가, 전력 사용이 많은 시간대가 되면 저장되어 있는 여분의 전력을 연결된 전력망을 통해 송전시키는 것이다.[46] 그럼으로써 전기자동차 이용자는 전력을 판매하고, 전력회사는 발전소 가동률을 줄일 수 있게 되면서 효율적인 전력 수요관리가 가능해질 것이다.

또한 모든 전력 에너지의 생산 및 소비를 네트워크화하여 전력을 거래하는 에너지 양방향 거래 시스템이 활성화될 것이다. 기업 대 기업Business to business, B2B, 기업 대 소비자Business to consumer, B2C, 소비자 대 소비자Consumer to consumer, C2C와 같이 모든 형태의 에너지 거래가 가능해져 전기자동차 양방향 충전 시스템과 더불어 보다 효율적인 대규모 전력관리가 가능해질 것

---

46) 돈도 벌고, 에너지도 아끼는 V2G, The Science Times, 2017. 5. 6.

이다. 이 밖에 에너지발전 및 전력망과 핀테크 기술이 결합한 에너지–핀테크와 같은 지능형 전력거래 시스템이 생기고 다양한 요금제도가 구축되는 등 지능형 서비스가 제공될 것이다.

- **저탄소형 에너지 네트워크의 '의의'** : 기후변화 대응 정책에 따른 탄소배출 규제에 대응하고 에너지 거래시장을 활성화하며 에너지 신산업 육성을 장려한다.

- **저탄소형 에너지 네트워크의 '한계'** : 신재생 에너지 발전, 전기자동차 양방향 전력거래, 에너지 전력거래 시스템 등의 기술 구현이 가능하고 실증이 완료되어 기술적으로 저탄소형 에너지 네트워크를 구축해나갈 수 있는 부분이 많다. 그러나 여전히 미흡한 전기자동차 시장 규모, 국제 표준이 적용되지 않은 전기자동차 충전기술, 불안정한 가격 등 기술의 연구 및 개발 진전 정도에 걸맞은 시민의 인식 제고와 제도적 보완이 요구된다.

- **저탄소형 에너지 네트워크의 '전망'** : 전 세계가 미국, 유럽 등을 중심으로 기후변화 대응을 위한 신재생 에너지 기술 개발에 대한 투자와 보급 확대를 위한 에너지 정책을 강화하고 있는 추세이다.[47] 저탄소형 성장은 국가적, 세계적으로 의견이 모아지고 있으며, 신재생 에너지, 전기자동차, 에너지 거래시장 부문의 R&D는 지속적으로 증가할 것으로 전망된다.

---

47) 한국에너지기술연구원 경영성과계획서, 한국에너지기술연구원, 2014.

기후 영향 리스크 관리기술의 필요

일반적으로 기후변화는 기온폭염, 혹한과 강수량가뭄, 홍수, 태풍 등 기상요인의 변화를 의미한다. 하지만 기후변화의 파급력을 확대해 가시화하면 개인과 지역사회, 정부, 기업 등 각 분야의 리스크가 되는데, 보건·건강 불안, 농축산물 전염병 확산, 사회 인프라 손실, 자연생태 파괴 등이 기후변화로 인한 부정적인 결과물이다. 기후 영향 리스크의 확대로 예측하지 못한 다양한 재해재난의 발생 빈도가 증가함에 따라 정부의 인력과 예산 등 국가 위기관리 비용이 증가하고 복구·방재 비용이 증가해 경제성장에도 악영향을 초래한다.[48] 기후변화가 보건에 미치는 영향을 예로 들면, 이상기후 현상에 따른 병원체의 증가와 더불어 강수량 변동에 의한 모기 품종 변화 등으로 새로운 질병의 발병 가능성이 증가한다. 실제로, 2011년 유럽 전체로 장출혈성대장균 EHEC이 퍼져 1,000명 이상의 감염자와 4억 1,700만 유로의 피해액이 발생하였으며, 이 감염증은 기후변화가 주요 원인 가운데 하나로 분석되었다. 영국의 경우 기후변화의 위험성을 인식하여 2008년 '에너지 기후 변화부DECC: Department of Energy and Climate Change'를 신설하여 사전 대응력을 강화하고 있다. 따라서, 우리나라도 기후 영향 리스크에 대한 시급성을 인식하고 대처 방안을 모색하여 기후 영향 리스크 관리에 대한 투자를 새로운 기회요인으로 인식 전환할 필요가 있다.

'기후 영향 리스크 관리기술'이란 인간의 제어 범위를 벗어난 기후변화로부터 파생된 재해식량, 건강, 생태, 인프라 등의 리스크를 감시·예측 및 관리하는 것을 뜻한다. 이 기술에 대해서 시급성과 사회에 미치는 파급성을 고려하여 농축산 스마트 방역기술, 매개체 감염성 질병 추적·예방 시스템, 재난 취약성·경제손실 평가기술, IoT·빅데이터 기반 재난감시기술 등 네 가지 하위기술로 구분했다. 하위기술의 명칭에서 추측할 수 있듯이 기후영향 리스크 관

---

48) 가시화된 기후변화 리스크와 대응, 박영환, 삼성경제연구소, 2013.

사회 인프라 분야
ex) 도로 침수

보건 건강 분야
ex) 지카 바이러스

**기후 영향
리스크**

자연생태 분야
ex) 해양생물 서식지 이동

농축산 분야
ex) 콜레라, 조류독감

그림 4-16 기후변화로 인한 분야별 리스크

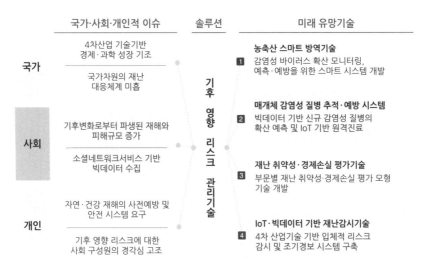

그림 4-17 기후 영향 리스크 관리기술 솔루션과 미래 유망기술

리기술은 정보통신, 소셜네트워크, 빅데이터 분석 기술 등이 기존의 환경 모니터링과 모델링 기술과 융합된 선진 기술이다.

농축산 스마트 방역기술

'농축산 스마트 방역기술'은 농축산 시설 내 품종들의 건강상태와 감염성 질병 여부를 모니터링하고 해당 정보를 데이터관리센터에서 취합하여 전국에 걸쳐 농축산물의 건강상태를 진단하고 관리함으로써 감염성 바이러스의 확산을 예방할 수 있는 시스템을 말한다. 이 기술을 선정한 이유는 조류독감과 콜레라, 구제역으로 인한 농가의 피해가 매년 반복되기 때문이다. 2016년 한 해 동안 조류독감으로 1,800만 마리의 닭과 오리가 생매장된 일은 정부 차원의 방역대책이 얼마나 미흡한지를 보여주는 사례였다.[49] 이는 농업활동 종사자의 피해뿐만 아니라 생산량 감소로 인한 가격상승으로 가계부담의 증가, 생매장으로 인한 환경파괴 등 복합적으로 사회에 큰 영향을 미친다. 따라서 첨단 산업에만 국한된 스마트 기술을 농축산 산업에 접목하여 새로운 개념의 방역 관리 체계가 마련된다면 매년 반복되는 감염성 바이러스로 인한 농축산 산업의 피해를 감소시킬 것으로 판단된다.

매개체 감염성 질병 추적·예방 시스템

'매개체 감염성 질병 추적·예방 시스템'은 국민 보건과 건강을 향상시킬 수 있는 기술로, 보건의료 빅데이터를 활용하여 감염성 질병의 시공간적 분포현황을 모니터링하고 향후 변동성을 예측하며, 모바일 AI 기반 원격진단 기술을 통해 간편하게 진단할 수 있는 기술을 아우르는 시스템이다. 이와 관련된 보건의료 빅데이터 산업의 시장성장률2013-2020년은 연평균 25% 이상 고성장할 것으로 전망되므로 기술력 확보가 시급하다.[50] 이 시스템은 의료 관련 정책·제도를 개선시킨다면 현재 기술력으로 충분히 상용화될 것으로 예상된다. 우리나라는 다른 선진국들과 비교해도 뒤지지 않을 만큼의 보건의료건강보험, 연금, 심사평가원 등의 막대한 데이터를 보유하고 있으나, 개인정보 또한 함께 구축되어 있어 이를 침해하지 않는 범위에서 보건의료 데이터를 연구 목적으로 활용할 수 있는 법과 제도가 마련된다면 선진화된 ICT 기술

49) 매년 처음 경험한 듯, 조류독감에 걸린 정부, 환경운동연합, 2016.
50) 국내외 보건의료 빅데이터 현황 및 과제, 이인재, 정보통신기술진흥센터, 2015.

과 연계하여 보건의료 빅데이터 시장을 선점할 수 있을 것이다.[51] 스마트폰을 활용한 원격진료 시스템 또한 마찬가지로 스마트기기에 부착된 생체 측정기기를 활용하고 의료정보 보안에 대한 문제점을 극복한다면 국민 건강보건 향상을 위한 유용한 기술이 될 수 있다. 위 두 가지 기술을 연계한 시스템이 상용화될 경우, 메르스나 지카 바이러스와 같은 감염성 질환에 대한 모니터링과 대응이 현재보다 크게 상향될 것이다.

재난 취약성·경제손실 평가기술

'재난 취약성·경제손실 평가기술'은 지역별 미래 기후변화에 따른 재해 취약성과 경제손실을 평가하는 기술을 말한다. 기후변화로 인해 과거에는 관측되지 않은 자연재해가 새롭게 발생하고 대형화되면서 재해 발생 가능성을 분석하는 것은 재해의 피해를 저감하기 위해 우선적으로 수행되어야 한다. 특히 인구, 산업 등이 밀집된 도시의 경우 재해 발생 시 막대한 인명과 재산피해로 이어진다. 이러한 점을 고려하여 '국토의 계획 및 이용에 관한 법률' 제20조 및 제27조가 일부 개정[2015]되어 도시계획 수립 시 재해 취약성 분석이 의무화되어있다.[52] 하지만 중장기적인 재해 취약성 예측 및 평가 방법은 영향지역과 재해의 특성에 대한 고려가 부족하며 경제손실 및 대응 능력 등은 고려하지 못하고 있다. 따라서 우리나라의 지역별 환경특성을 고려한 재난 취약성 및 경제손실 평가를 수행하기 위해서는 기존 거시적인 관점에서 이루어지는 기후모델링과 통계기법을 병합한 한반도 재난 취약성 분석이 아닌, 딥러닝과 슈퍼컴퓨팅, 그리고 지리정보시스템[GIS]을 적극적으로 활용한다면 보다 상세하고 정확도 높은 평가가 수행될 수 있다.

IoT·빅데이터 기반 재난감시기술

마지막으로 소개할 'IoT·빅데이터 기반 재난감시기술'은 기후변화로 인

---

51) 우리나라 보건복지 빅데이터 동향 및 활용 방안, 송태민, 과학기술정책연구원, 2012.
52) 녹색기후기술백서2017, 미래창조과학부, 2017.

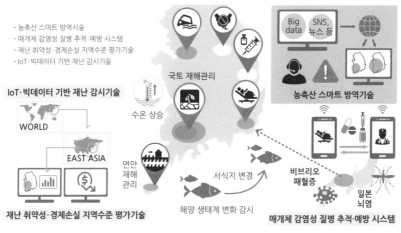

・농축산 스마트 방역시술
・매개체 감염성 질병 추적·예방 시스템
・재난 취약성·경제손실 지역수준 평가기술
・IoT·빅데이터 기반 재난 감시기술

그림 4-18 기후영향 리스크 관리기술(예시)

해 발생하고 있는 재난을 IoT 기술을 기반으로 실시간 모니터링하고 데이터를 전 처리하여 가공한 뒤 고품질 재난 감시정보를 제공하는 기술이다. 기존의 재난감시기술은 고가의 장비를 이용하여 홍수, 폭염, 폭설, 강풍, 해수면 상승 등을 감시하고 재난 발생 시 경보를 발령한다. 하지만 장비의 초기 설치비용과 유지 및 보수비용 그리고 관리문제 등으로 운영의 한계가 따른다. 현재 재난 조기 경보 시스템은 긴급 언론보도와 문자알림을 통해 국민들에게 재난발생 시점과 피해지역을 알려주지만 때로는 SNS와 포털 사이트에 먼저 언급되어 혼란을 야기한 뒤 경보를 발령하는 경우도 있어 신뢰도가 하락한 면이 있다. 따라서 기존 감시기술을 유지하되 IoT와 소셜 빅데이터 등을 적극적으로 활용한다면 재난 조기 경보 시스템의 신속도와 정확도를 개선시킬 수 있다. 이 기술을 실현하기 위해서는 다양한 사건과 주제가 혼재돼있는 소셜빅데이터를 재난감시 목적에 맞도록 데이터 마이닝Data Mining을 통해 유용한 정보를 추출하고 객관적인 분석이 수행되어야 한다.

위 네 가지 하위기술들을 기반으로 구축될 '기후영향 리스크 관리기술'은 국내 기후변화 적응 정책의 방향을 정하기 위한 필수 기술로, 정확하고 신속한 재난 감시와 취약성 평가를 통해 국민의 안전과 보건을 증진시키고 사회 인프라의 유지비용 절감할 수 있을 것이다.

- **기후 영향 리스크 관리기술의 '의의'** : 기후변화는 기상요인의 변화를 의미할 수 있지만, 이로 인한 파급력은 보건·건강 불안, 농축산물 전염병 확산, 사회 인프라 손실, 자연생태 파괴 등으로 다양하다. 기후영향 리스크 관리기술은 실시간으로 기후영향 재난을 감시하여 조기 대응을 위한 정보를 제공할 뿐만 아니라 분석모형을 통해 지역별 미래 기후영향 취약성과 피해규모를 예측하는 기술을 포괄한다.

- **기후 영향 리스크 관리기술의 '한계'** : 기후 영향 리스크 관리를 위해서는 사회적으로 측정되거나 생성되는 다양한 정보를 기반으로 데이터 분석이 실시되어야 한다. 하지만, 이러한 정보들은 개인 프라이버시뿐만 아니라 심지어 사이버범죄에 악용될 수 있기 때문에 정보보안 기술이 뒷받침되어야 하며, 정보이용에 관한 법과 제도 정비가 마련되어야 한다.

- **기후 영향 리스크 관리기술의 '전망'** : 리스크 관리기술은 전문가의 해석 기술과 관점에 따라 결과가 달라질 수 있으므로 정확한 체계를 기반으로 객관적인 해석을 도출해냄으로써 실시간 기후 영향 재난과 미래에 발생 가능한 재해 피해를 효과적으로 예방할 수 있을 것으로 판단된다.

최적화된 미래도시, 기후변화 적응 스마트시티

앞서 우리는 기후변화와 과학기술의 발전으로 바뀌게 될 미래에 대해 살펴보았다. 가까운 미래에 우리는 우리 삶을 크게 변화시킬 '두 가지 혼돈'을 동시에 접하게 될 것이다. 첫째는 물리적 환경 변화를 가져오고 있는 '기후변화'라는 '물리적 혼돈'이다. 다른 하나는 4차 산업혁명 기술의 진보로 인한 사이버와 현실이 혼재하는 '사이버 혼돈'이다.

이 두 가지 혼돈은 우리가 알고 있었던 기존 사회, 경제, 과학기술, 정치 등의 사회 구성 시스템을 완전히 바꾸어놓게 될 것이라는 다소 불편한 진실에 우리를 몰아넣고 있다. 현재는 이 불편한 진실이 기후변화와 4차 산업혁명을 통해 우리에게 빠른 속도로 다가오고 있음을 느끼고 있는 시점이다.

신기후체제하에 온실가스의 감축, 처리 그리고 활용과 더불어 기후변화에 대한 선제적 대응을 통하여 기후변화와 이에 따른 영향을 최소화시키는 기술을 일컬어 '기후기술'이라 정의하였다. 다시 말해 기후변화에 대응하기 위해 적용한 모든 관련 기술을 기후기술이라 말할 수 있다. 기후기술은 궁극적으로는 지속 가능한 발전과 함께 사회구성원의 삶의 질을 향상시키기 위한 것이라 할 수 있다. 따라서 기후기술은 산업, 자연, 개인, 국가 나아가 사회 모든 분야에 걸쳐 적용될 수 있는 기술이다.

2050년이면 전 세계 인구는 97억 명으로 늘어날 것이며 이 가운데 66%는 도시에 거주할 것으로 추산하고 있다.[53] 이에 현 인류의 위기이자 기회인 기후변화 적응의 초점이 우선적으로 도시에 맞춰지고 있다. 특히 도시에서는 신재생 에너지원의 적극적 활용과 에너지 효율 증진에 주력하는 한편, 기후변화에 큰 영향을 미치는 화석연료 기반의 에너지 사용을 줄이고 기후변화로 인한 피해를 최소화하기 위한 목표를 동시에 달성해야만 한다. 이 같은 상황에서 '기후변화 적응 스마트시티'가 새로운 관심사로 떠오르고 있다. 기

---

53) World Urbanization Prospects: The 2014 Revision, Highlights (ST/ESA/SER.A/352), United Nations, Department of Economic and Social Affairs, Population Division., 2014.

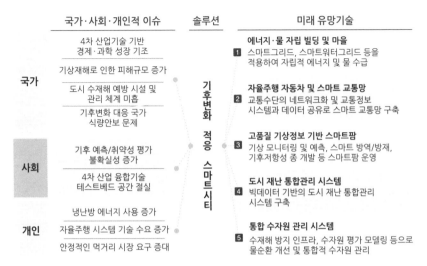

국가·사회·개인적 이슈	솔루션	미래 유망기술

국가

4차 산업기술 기반
경제·과학 성장 기조

기상재해로 인한 피해규모 증가

도시 수재해 예방 시설 및
관리 체계 미흡

기후변화 대응 국가
식량안보 문제

사회

기후 예측/취약성 평가
불확실성 증가

4차 산업 융합기술
테스트베드 공간 절실

냉난방 에너지 사용 증가

개인

자율주행 시스템 기술 수요 증가

안정적인 먹거리 시장 요구 증대

기후변화 적응 스마트시티

1 **에너지·물 자립 빌딩 및 마을**
스마트그리드, 스마트워터그리드 등을
적용하여 자립적 에너지 및 물 수급

2 **자율주행 자동차 및 스마트 교통망**
교통수단의 네트워크화 및 교통정보
시스템과 데이터 공유로 스마트 교통망 구축

3 **고품질 기상정보 기반 스마트팜**
기상 모니터링 및 예측, 스마트 방역/방재,
기후저항성 종 개발 등 스마트팜 운영

4 **도시 재난 통합관리 시스템**
빅데이터 기반의 도시 재난 통합관리
시스템 구축

5 **통합 수자원 관리 시스템**
수재해 방지 인프라, 수자원 평가 모델링 등으로
물순환 개선 및 통합적 수자원 관리

그림 4–19 기후변화 적응 스마트시티 솔루션과 미래 유망기술

후변화 적응 스마트시티란 기후변화에 적응하며 지속 가능한 발전을 도모하는 미래형 도시를 계획·설계·구축·운영함에 있어 지능화된 첨단기술을 적용하여 새로운 가치를 창출하는 도시이다. 즉, 기후변화의 완화와 적응, 시민의 삶, 지속 가능한 도시 운영관리가 모두 고려된 것이 스마트시티라 할 수 있다. 이에 세계적으로 신기후체제에서는 기후변화에 대한 능동적 적응과 에너지소비의 최적화를 위해서 기후기술을 적용한 스마트시티에 대한 연구와 도입이 필요하다는 목소리가 나오고 있다.

스마트시티의 구성요소는 크게 스마트 에너지, 스마트 빌딩, 스마트 수송, 스마트 물관리, 스마트 정부가 있다.[54] 스마트 에너지는 스마트그리드, 신재생 에너지 발전, 에너지저장장치 등을 통해 에너지 자립도를 높이는 기술이나 서비스이다. 또한 제로에너지빌딩, 패시브 하우스 등 건물 에너지 이용 효율을 향상시키는 스마트 빌딩 기술과 자율주행 자동차, 커넥티드 카 등 교통, 안전 등을 고려한 스마트 수송 기술은 보다 쾌적한 삶의 터전을 이룰 수

스마트 정부
· 행정 전자 정부
· 정보 DB구축/공개

스마트 수송
· 자율주행/무인 자동차
· 커넥티드 카
· 무선충전 자동차
· 자기부상열차/튜브트레인

스마트 빌딩
· 그린에코빌딩
· 패시브 하우스
· 건물 에너지 관리 시스템(BEMS)
· 주택 에너지 관리 시스템(HEMS)

스마트시티

스마트 물 관리
· 빅 데이터 기반 스마트워터 그리드
· 지능형 정수/하수처리 시스템
· 저영향개발시설 활용 물순환 촉진
· 다목적 물관리 시스템

스마트 에너지
· 전기자동차
· 지능형 신재생 에너지 발전
· 스마트그리드
· ESS (Energy Storage System)
· EMS(Energy Managament System)
· AMI (Advanced Metering Infrastructure)

그림 4-20 기후변화 적응 스마트시티의 구성요소

감시 · 전망	취약성 · 리스크 평가	피해 저감 · 회복력 강화
IoT	인공지능	적층 가공
클라우드 컴퓨팅	사이버보안	자율 로봇
빅데이터	증강현실	시스템 통합

그림 4-21 기후변화 적응 스마트시티에서의 4차 산업혁명 기술 적용

있게 해준다. 빅 데이터 기반의 스마트 워터그리드, 지능형 정수·하수처리, 다목적 물관리 시스템과 같은 스마트 물관리는 지속 가능한 물 이용체계를 제공하여 거주자로 하여금 안정적으로 식수를 제공하고 물문제, 나아가 식량문제를 해결한다. 이 밖에 행정부 운영에 있어서도 행정 절차를 간소화하고 소요 시간을 단축하며 보다 신뢰할 수 있는 스마트 정부를 통해서 대내외 변화에 신속히 대처하고 삶의 질을 향상할 수 있다. 스마트시티 시설 운영에

는 기존의 조직체계와 제도로는 각 시설물에 대한 관리부서가 다르고 추진하는 데 한계가 존재하기 때문에 스마트시티 운영단계에서는 스마트 정부기반의 제도적 지원이 중요하게 작용한다.[55]

기후변화 적응 스마트시티에서는 도시 시설 전반에 4차 산업혁명을 대표하는 사물인터넷IoT, 빅데이터, 인공지능AI과 같은 첨단 정보통신기술ICT의 적용을 통해 기후변화로 인한 거주자의 생명·재산·편의 등을 위협하는 재해를 감시하고 위험성을 평가하여 기후변화를 예측하는 한편, 기후변화로 인한 실질적 피해를 회복하는 등 도시 전체를 통합적으로 관리한다.

첨단기술이 도시 곳곳에 적용된 스마트시티가 미래를 어떤 모습으로 변화시킬지 보다 세부적으로 그려보자. 우선 스마트그리드 기술이 적용되어 건물 단위 또는 마을 단위로 에너지와 물을 자립적으로 해결하게 될 것이다. 스마트그리드는 ICT 기술을 기반으로 전력망을 지능화하여 고품질/고효율의 에너지 서비스를 제공한다. 이에 풍력, 태양광 또는 연료전지 등과 같은 신재생 에너지를 에너지원으로 함께 사용하고 기존의 대규모 집중형 전원방식에서 소규모의 분산형 전원방식으로 변모할 것이다. 초고효율 배터리와 에너지저장장치의 도입은 소규모 분산형 전원에서의 전력 이용을 보조하여 준다.[56] 이러한 전력망 계통에 지능형 배전, 지능형 전력기기, 광역감시 및 제어 시스템 등이 적용될 것이다. ICT 접목을 통해 전력망의 신뢰도를 높이는 지능형 전력망 기술이 보편화되고, 아울러 소비자에게 제공되는 서비스의 품질 향상이 현저히 증가된 지능형 소비자 기술이 도입될 것이다. 첨단 계량 시스템, 에너지 관리 시스템, 그린에코빌딩, 그린공장 등이 이에 해당한다. 전력사용에 따른 도시의 열섬현상을 제어하고 도시의 열 순환을 효과적으로 관리할 수도 있을 것이다.

스마트시티에서는 도시 교통수단도 진화할 것이다. 대중교통과 자가용에 있어 자동 무인 지하철 및 무인 버스와 무인 자율주행 자동차가 도입되어 운

55) 스마트시티 정책 추진방향과 전략, 이재용, 한국교통연구원, 2017.
56) 저탄소 녹색성장과 스마트그리드, 문승일, 정보통신표준화위원회, 2010.

영될 것이다. 운전자 없이도 카메라와 각종 센서 정보 그리고 실시간으로 전송되는 교통정보를 바탕으로 자율주행이 가능해지는 것이다. 무인 자동차 및 무인 교통수단이 운행됨에 따라 안전을 위한 강화된 규제와 제도도 구축될 것이다. 도로 위 모든 차량이 네트워크로 연결된 커넥티드 카 기술이 보편화되고 도로정보, 교통 안전정보 그리고 차량 흐름과 같은 교통정보 시스템과의 양방향 데이터 공유를 지원하게 된다. 이동자들은 필요로 하는 모든 데이터에 접근이 가능해지며, 차량 운전안내와 교통수단의 운행정보 등을 제공받아 잠재적 인명 피해를 예방할 수 있게 된다. 커넥티드 시스템은 연결된 이동자 간의 실시간 위치에 기반한 정보 교류를 지원함으로써 텔레메틱스 기술 기반의 파생 서비스도 생겨나게 되며, 신호체계 또한 실시간 도로정보, 운행정보 등을 실시간으로 반영하여 교통흐름을 원활하게 개선할 것이다. 교통 요금체계에서도 핀테크 기술과 결합해 지능형 요금부과 시스템이 생겨나 차량의 경우 기존의 톨게이트 형식의 운영체계가 바뀌게 되고, 기타 교통수단의 경우도 요금부과 체제가 바뀌게 될 것이다.

미래에는 도시화가 진행되고 가속화됨에 따라 농경작지는 감소하는 추세가 지속될 것이다. 이에 따라 도시 내에서 식량을 자급할 수 있는 스마트팜 기술이 적극적으로 도입될 것이다. 농업기술에 ICT 기술이 접목될 경우 사용자들에게 높은 만족도를 제공할 수 있다. 고해상도 기상 모니터링을 기반으로 기후변화에 대응 가능한 스마트팜 기술은 식량안보 문제를 해결해준다. 스마트 농약 개발 및 국지적 방역 계획 수립 등 친환경 방역 방안을 마련하고, 인공지능 기반의 기후 예측을 통한 농업 재해 저감 시스템 구축과 같은 스마트 방역/방재가 이루어질 것이다. 효율직 식품 생산과 함께 지능형 물류 계획, 안정적 유통 구조를 통해 안전한 식량 공급이 가능할 것이다. 친환경적이고 지속 가능한 스마트팜 유지관리 기술도 개발 및 적용이 될 것이다. 이러한 시스템 위에서 기후 저항성 종을 개발하고 고부가가치의 품종으로 개량하여 식품의 품질 개선 및 새로운 먹거리 산업이 창출되고 육성될 것

• 에너지·물 자립 빌딩 및 마을
• 고품질 기상자료 기반 스마트팜
• 인공지능 기반 기후 감시 및 예측 시스템
• 자율주행·스마트 교통망 시스템
• 도시 재난 통합관리 시스템
• 통합 수자원 관리 시스템

자율주행·스마트
교통망 시스템

도시 재난
통합관리 시스템

도시 재난 조기
경보 시스템

도시 열 순환
설계 및 관리

에너지·물 자립 빌딩 및 마을

통합 수자원
관리 시스템

수재해 방지
인프라 구축

고품질 기상자료
기반 스마트팜

그림 4-22 **기후변화 적응 스마트시티(예시)**

이다. 또한 스마트팜이 도시의 관광산업과 연계하여 신규 파생산업으로 창출된다면 도시의 지속 가능한 선순환이 일어날 수 있다.

스마트시티에서는 도시의 기후재난 관리 측면에서도 진보된 통합 관리 시스템이 도입될 것으로 보인다. 빅데이터 기반의 도시 재난 조기경보 및 실시간 알림 시스템은 재난 위험 요소를 사전에 파악할 수 있게 한다. 또한, IoT 기술 기반의 재난 감시 및 선제적 예방이 가능해지고, 3D 프린팅, 로봇기술의 발전에 따른 재해 저감 및 피해 복구 시스템도 구축될 것이다. 기후 재난에 대응하는 의사지원결정 시스템도 개발되어 활용될 수 있다. 도시의 재난 위험에 대한 통합적 관리를 함으로써 기후변화의 위험성에 대해 보다 회복력 있는 도시로 탈바꿈하게 된다.

수자원의 관리 측면에서도 스마트 워터그리드를 적극 운영하여 마을 규모 또는 도시 규모로 자립적인 물 운영 체계가 정착하게 될 것이다. 수자원 관리에 ICT 기술을 접목하여 기상 레이더, 센서, 빅데이터 분석 등으로 취수원에서부터 수도꼭지까지 수자원 공급의 전 과정에 대한 정보를 제공하고 관리하며, 수요와 공급을 균형 있게 조절하여 물 안보문제를 해결할 수 있다. 또한 수자원 빅 데이터를 분석하고 인공지능을 활용한 수자원 평가 모델링 기술은 안정적인 식수 및 용수 공급을 보조할 것이다. 정수/하수 처리 분야에서도 지능형 운영 및 공법이 도입되어 경제적이고 효율적으로 수자원 재이용이 가능해져 지속 가능한 도시의 발전을 보조하게 될 것이다. 그리고 도시의 설계 및 구축 시 저영향 개발시설을 널리 설치하고 제도적 지원을 통해 운영 및 관리를 보장하여 기후변화에 따른 수 재해를 방지하고 물 순환을 개선할 수 있게 될 것이다.

기후변화와 4차 산업혁명이라는 두 가지 혼돈의 물결이 동시에 다가오고 있다. 전 세계적으로 도시화가 가속화되고 있고 인구밀도 증가, 교통체증에 따른 비용 증가, 환경오염, 기후재난 등으로 삶의 질을 보장받지 못할 위기에 놓여 있다. 이러한 상황에서 도시의 기능을 최적화하고 지속적으로 발전할 수 있는 대안으로 기후변화 적응형 스마트시티가 떠오르고 있다. 세계의 관심이 고조되면서 세계 주요 도시들이 스마트시티로 거듭날 것이라는 전망이 나오고 있으며, 계획단계에 들어서 있다. 스마트시티의 기술적 인프라 구축은 많은 부분 달성하였으나, 이에 걸맞은 데이터 및 서비스 분야는 개선해야 할 부분이 많다. 기술과 서비스를 균형적으로 발전시켜 스마트시티로서의 경쟁력을 갖춰야 할 것이다. 아직은 초기단계에 있기 때문에 국가 전체적으로 장기 전략을 세우고 스마트시티 연구 및 도시를 혁신시켜 나간다면 경쟁력의 격차를 줄이고 나아가 스마트시티 분야에서 세계를 선도할 수 있을 것이다.

- **기후변화 적응 스마트시티의 '의의'** : 지속화되는 산업화 및 도시화에 따라 도시에서의 기후변화 적응의 중요성이 증가하고 있다. 도시에서의 화석에너지 사용 증가가 가져온 환경적, 사회적 그리고 경제적 문제와 기후변화로 인한 피해를 동시에 해결하고자 하는 노력이 요구된다. 스마트시티는 기후변화에 적응하며 지속적 발전을 도모하는 미래형 도시로서, 기후변화와 마주하고 있는 현시대의 우리가 발전해 나아가야 할 방향성을 제시한다.

- **기후변화 적응 스마트시티의 '한계'** : 스마트시티의 경쟁력은 기술적 요인뿐만 아니라 사회문화적 성숙도, 교육여건, 전문인력, 주거환경 등 도시를 구성하고 있는 다양한 요인이 종합적으로 어우러져 갖춰진다.[57] 스마트시티의 지속 가능성을 위해서는 도시의 조성뿐만 아니라 효율적인 운영관리와 시민의 인식과 요구 증대가 선행되어야 한다.[58]

- **기후변화 적응 스마트시티의 '전망'** : 스마트시티는 미래 사회를 대표하는 일면이자 기후변화에 수반되는 많은 문제를 해결할 수 있는 효과적 수단이므로 향후 막대한 세계시장이 형성될 것으로 전망된다. 스마트시티의 인프라 구축 부분과 데이터 및 서비스 부분을 균형적으로 발전시켜 경쟁력을 갖춰야 한다. 국가 전체적으로 장기 전략을 세워 경쟁력을 높여야 하며, 스마트시트의 성공 여부는 도시혁신의 추진력을 확보하는 것에 좌우되므로 시 지자체와 산학연 간 협력이 원활한 발전 생태계 마련이 필요하다고 본다.

57) 스마트시티의 기준, 스마트시티 인덱스, 조유정, 2016.
58) 혐오·기피 도시자원의 활용에 관한 사례연구, 조유정 외, 2015.

마치며

    지금까지 기후와 기후변화의 여러 원인을 살펴봤다. 그 가운데 기후변화에 상당한 영향을 끼친 요소를 꼽자면 단연 인간의 활동이다. UN 주도의 회의에서 대다수 국가도 이런 결과에 동의했다. 인간의 활동이 영향을 준 대표적인 사례로는 온실가스 배출량의 증가가 있다.

    기후변화 때문에 지구 곳곳에서 여러 가지 문제가 발생하고 있다. 기후변화가 지속되면 어떻게 될까. 세계 각국은 기후변화가 미치는 영향을 알아보기 위해 사회 및 과학적 근거를 토대로 기후변화 시나리오를 구성했다. 그 결과 모든 국가가 기후변화에 적극 대응하지 않을 경우, 돌이킬 수 없는 결과를 초래할 우려가 있다고 예측했다. 한마디로 인류의 생존이 위협받는 상황이라고 할 만하다. 그렇기 때문에 기후변화가 국제적인 이슈가 된 건 어쩌면 당연한 일일 것이다.

    이러한 큰 위험 앞에 국제사회가 마냥 손을 놓고 있었던 건 아니다. 유엔기후변화협정UNFCCC을 기반으로 구속력 있는 조항을 제성한 깃도 해결점을 찾아보려는 노력의 하나였다. 인류가 기후변화 문제에 기울인 노력 가운데 역사에 한 획을 그을 만한 일이 2015년 12월 12일 프랑스 파리에서 일어났다. 제21차 유엔기후변화협정 당사국총회를 통해 신기후체제가 출범한 것이다. 신기후체제가 중요한 이유는 모든 국가가 기후변화에 대응하기 위해 적응과 완화라는 방법으로 접근하기로 했기 때문이다. 기후변화 적응과 온실가스 감축으로 대표되는 전 지구적 대응을 합의한 것은 뜻깊은 일이었다.

과거에도 기후변화 관련 합의는 있었다. 하지만 파리협정은 이전의 합의와는 달랐다. 개별 국가는 제시받은 목표를 반드시 달성해야 한다는 것. 또한 선진국과 개도국이 모두 동참할 수 있도록 개도국에 대한 기술, 재정, 역량강화 지원 방안 또한 확보했다는 특징도 있다. 그래서 신기후체제를 전 지구적 협력을 통한 대응이라고 할 수 있다.

또한 개도국에 대한 재정과 기술 지원은 선진국에 의무와 부담만 주지 않았다. 기후변화 대응 및 적응 기술이 있는 기업에는 개도국 시장에 진출하고 사업을 확대할 기회가 되기 때문이다. 자국에서 온실가스 감축 목표를 달성하지 못할 경우, 탄소배출권 거래제도를 통해 타국의 잉여 배출권을 확보하는 방안도 추진하고 있다. 감축 목표를 달성하면 잉여 배출권을 경제적으로 활용할 수 있는 장치도 마련되었다.

기후변화가 자연·사회에 끼치는 영향이 현실로 다가온 시대를 맞아 구속력 있는 정책 제정과 함께 사회 및 경제 분야의 대응도 이뤄지고 있다. 대표적인 사례로 온실가스 감축 계획에 따라 전통적인 화석연료 수요가 줄고 있다는 점을 들 수 있다. 이와 반대로 신재생 에너지 수요는 크게 증가하고 있으며, 신재생 에너지 시장 규모도 증가하고 있다. 독일을 포함한 유럽의 선진국은 온실가스 배출을 원천적으로 차단하기 위해 신재생 에너지만으로 에너지를 공급하는 것을 목표로 삼고 있다.

이와 더불어 자동차 운행으로 배출되는 온실가스를 저감하기 위해 전기차의 개발도 활발하다. 또한 안정적인 수자원의 수요가 늘어감에 따라 물 시장 규모 역시 커지고 있다.

기후변화 대응과 적응을 위해 이와 관련한 산업의 수요에 따라 전 세계의 자금이 움직이고 있다. 그뿐만 아니라 4차 산업혁명 시대에 발맞춰 속속 등장하는 기술도 기후변화 대응체계에 맞게 진화하고 있다. 기후변화는 이제 '지구 기후의 변화' 같은 추상적이고 동떨어진 개념이 아니다. 우리 삶의 방식 전반에 변화를 가져올 새 시대의 이정표 같은 역할을 하고 있다.

이렇듯 기후변화는 교과서에서만 보던 문제를 넘어 이미 현실에 반영돼 우리의 삶에 큰 변화를 몰고 오고 있다. 기후변화는 위기와 기회, 두 가지 얼굴을 갖고 우리 곁에 와 있다. 중요한 것은 기후변화에 대응하는 기술과 정책을 효과적으로 이용해 미래 성장의 동력으로 삼는 지혜를 발휘하는 것이다. 각 분야에서 이 책이 분석하고 제안한 여러 의견에 귀 기울여 요긴하게 적용하기를 바란다.

기후변화는 한 사람 한 사람의 각성과 기업의 인식 변화가 물론 중요하다. 하지만 국가 차원에서 나서서 할 일도 많다. 기후변화 대응기술을 확보하기 위해서는 독자적인 대응 방안을 국가가 적극 나서서 마련해야 한다. 더 나아가 기후변화 대응기술과 온실가스 배출권거래를 확보해 국제 협상력을 높일 수 있는 기회로 활용해야 할 것이다. 기업 차원에서는 기후변화 대응을 위해 조성한 기금으로 대응기술을 개발하고, 이를 활용해 선진국과 개도국에 새로운 시장을 확보하고 진출할 수 있는 기회로 삼아야 할 것이다.

개인 차원에서는 기후변화에 좀 더 관심을 갖고 인식의 전환을 가져야 한다. 기후변화 문제가 과학적 근거를 기반으로 한 전 지구적 대응이라는 점을 기억하고 적극 동참했으면 한다.

이 책이 부디 기후변화 문제를 다시 한번 생각해볼 수 있는 계기를 마련해주길 바라는 마음 간절하다.

참 고 문 헌

학술자료

- J.T.Kiehl and Kevin E. Trenberth, National Center for Atmospheric Research, Boulder, Colorado, 1997, Earth's Annual Global Mean Energy Budget, Bulletin of the American Meteorological Society, vol.78, No.2.

- Somerville, R., H. Le Treut, U. Cubasch, Y. Ding, C. Mauritzen, A. Mokssit, T. Peterson and M. Prather, 2007: Historical Overview of Climate Change. In: Climate Change 2007: The Physical Science Basis. Contribution of Working Group I to the Fourth Assessment Report of the Intergovernmental Panel on Climate Change [Solomon, S., D. Qin, M. Manning, Z. Chen, M. Marquis, K.B. Averyt, M. Tignor and H.L. Miller(eds.)]. Cambridge University Press, Cambridge, United Kingdom and New York, NY, USA.

- Solomon, S., D. Qin, M. Manning, R.B. Alley, T. Berntsen, N.L. Bindoff, Z. Chen, A. Chidthaisong, J.M. Gregory, G.C. Hegerl, M. Heimann, B. Hewitson, B.J. Hoskins, F. Joos, J. Jouzel, V. Kattsov, U. Lohmann, T. Matsuno, M. Molina, N. Nicholls, J.Overpeck, G. Raga, V. Ramaswamy, J. Ren, M. Rusticucci, R. Somerville, T.F. Stocker, P. Whetton, R.A. Wood and D. Wratt, 2007: Technical Summary. In: Climate Change 2007: The Physical Science Basis. Contribution of Working Group I to the Fourth Assessment Report of the Intergovernmental Panel on Climate Change [Solomon, S., D. Qin, M. Manning, Z. Chen, M. Marquis, K.B. Averyt, M. Tignor and H.L. Miller (eds.)]. Cambridge University Press, Cambridge, United Kingdom and New York, NY, USA.

- Stocker, T.F., D. Qin, G.-K. Plattner, L.V. Alexander, S.K. Allen, N.L. Bindoff, F.-M. Bréon, J.A. Church, U. Cubasch, S. Emori, P. Forster, P. Friedlingstein, N. Gillett, J.M. Gregory, D.L. Hartmann, E. Jansen, B. Kirtman, R. Knutti, K. Krishna Kumar, P. Lemke, J. Marotzke, V. Masson-Delmotte, G.A. Meehl, I.I. Mokhov, S. Piao, V. Ramaswamy, D. Randall, M. Rhein, M. Rojas, C. Sabine, D. Shindell, L.D. Talley, D.G. Vaughan and S.-P. Xie, 2013: Technical Summary. In: Climate Change 2013: The Physical Science Basis. Contribution of Working Group I to the Fifth Assessment Report of the Intergovernmental Panel on Climate Change [Stocker, T.F., D. Qin, G.-K. Plattner, M. Tignor, S.K. Allen, J. Boschung, A. Nauels, Y. Xia, V. Bex and P.M. Midgley(eds.)]. Cambridge University Press, Cambridge, United Kingdom and New York, NY, USA.

- Edenhofer O., R. Pichs-Madruga, Y. Sokona, S. Kadner, J. C. Minx, S. Brunner, S. Agrawala, G. Baiocchi, I. A. Bashmakov, G. Blanco, J. Broome, T. Bruckner, M. Bustamante, L. Clarke, M. Conte Grand, F. Creutzig, X. Cruz-Núñez, S. Dhakal, N. K. Dubash, P. Eickemeier, E. Farahani, M. Fischedick, M. Fleurbaey, R. Gerlagh, L. Gómez-Echeverri, S. Gupta, J. Harnisch, K. Jiang, F. Jotzo, S. Kartha, S. Klasen, C. Kolstad, V. Krey, H. Kunreuther, O. Lucon, O. Masera, Y. Mulugetta, R. B. Norgaard, A. Patt, N. H. Ravindranath, K. Riahi, J. Roy, A. Sagar, R. Schaeffer, S. Schlömer, K. C. Seto, K. Seyboth, R. Sims, P. Smith, E. Somanathan, R. Stavins, C. von Stechow, T. Sterner, T. Sugiyama, S. Suh, D. Ürge-Vorsatz, K. Urama, A. Venables, D. G. Victor, E. Weber, D. Zhou, J. Zou, and T. Zwickel, 2014: Technical Summary. In: Climate Change 2014: Mitigation of Climate Change. Contribution of Working Group III to the Fifth Assessment Report of the Intergovernmental Panel on Climate Change [Edenhofer, O., R. Pichs-Madruga, Y. Sokona, E. Farahani, S. Kadner, K. Seyboth, A. Adler, I. Baum, S. Brunner, P. Eickemeier, B. Kriemann, J. Savolainen, S. Schlömer, C. von Stechow, T. Zwickel and J. C. Minx (eds.)]. Cambridge University Press, Cambridge, United Kingdom and New York, NY, USA.

- 장안수, 기후변화와 대기오염, 대한의사협회지, 2011.

- R. T. Watson, V. H. Heywood, I. Baste, B. Dias, R. Gámez, W. Reid, G. Ruark, "Global Biodiversity Assessment: Summary for Policy-Makers", 1996, 1. 26.

- F. Krausmann et al., Growth in global material use, GDP and population during the 20th century, Ecological Economics, 68, updated to 2009.

- A. Grubler, "Energy transitions", in Encyclopedia of Earth, 2008.

- 김재식 · 천대인, CCUS(CO_2 포집, 저장 및 전환) 기술 개발과 정책방향, 기계저널, 2016.

- 강석환, 합성가스와 연계된 C1 가스 리파이너리 기술과 동향, 고등기술연구원, 2016.

- 최지나, 이산화탄소 전환 기술의 현황, 한국화학연구원, 2012.

- 기후변화 대응과 적응, 녹색성장위원회, 2011.

- Popular artificial sweetener could lead to new treatments for aggressive cancers, American Chemical Society, 2015.

- Goosse H., P.Y. Barriat, W. Lefebvre, M.F. Loutre and V. Zunz, Introduction to climate dynamics and climate modeling(http://www.climate.be/textbook), (2008-2010).

- E. O. Wilson, "Threat to biodiversity", SCIENTIFIC AMERICAN 1989. Sep, 261(3):108-16.

- 세계와 한국의 인구현황 및 전망, 통계청, 2016.

- 박노언 외, 기후변화 대응기술의 현주소 분석을 통한 투자효율성 개선연구, 한국과학기술기획평가원, 2016.

- Yoon SJ, Bae SC. Current scope and perspective of burden of disease study based on health related quality of life. J Korean Med Assoc 2004;47:600-602.

- Wan He, Daniel Goodkind, Poul Kowal. An Aging World: 2015, 2016.

- 권원태, 기후변화의 과학적 이해와 전망, 한국기후변화학회, 2016.

- 조유정 외, 혐오·기피 도시자원의 활용에 관한 사례연구, 2015.

보고서

- WMO, Meteorology and the media, WMO-No. 688, (Geneva:World Meteorological Organization, 1987) 56.

- IPCC Second Assessment Climate Change 1995, A Report of the Intergovernmental Panel on Climate Change.

- 권원태, 기후변화의 과학적 이해와 전망, 한국기후변화학회, 2016.

- 국가 온실가스 인벤토리 보고서, 온실가스종합정보센터, 2013.

- 기후변화협정대응 제 3차 종합대책, 기후변화협정대책위원회, 2005.

- KOICA 한국국제협력단 ODA 용어 설명, 2012.

- 스톡홀름선언, 1972- 유엔인간환경회의(UNCHE) 선언.

- 교토의정서 이후 신 기후체제 파리협정 길라잡이, 환경부, 2016. 5.

- 기후변화 바로알기, 외교부, 2015.11.

- 파리 기후변화협상이 가지는 의미, 주간 에너지 이슈브리핑, 학술이슈, 제112호, 2015. 12. 18.

- 최원기, 파리협정(Paris Agreement) 후속협상: 최근 동향과 전망, 국립외교원 외교안보연구소, 2016. 6. 8.

- Henry D. Jacoby and Y.-H Henry Chen, "Launching a New Climate Regime", MIT Joint Program On the Science And Policy of Global Change, 2015. 11.

- World Energy Outlook, IEA, 2014.

- 연간 및 12월 전력시장 운영실적(게시용), 전력거래소(KPX), 2012-2015.

- 2016년 세계 신재생 에너지 산업 전망 및 이슈, 해외경제연구소, 2016. 1. 20.

- 김희집, 에너지 신산업 육성 방안, 2015. 6.

- 김진우, 기후변화 대응 국내외 에너지시장 및 주요 정책 동향, GIST 기후변화 아카데미, 2016. 5. 25.

- 바로 알면 보인다. 미세먼지, 도대체 뭘까?, 환경부, 2016. 4.

- 이산화탄소 포집 기술은 지구온난화의 해결책이 될 수 있을까, GE리포트 코리아, 2015. 12. 29.

- J. Loh, S. Goldfinger, "Living planet report 2006", 2006.

- "The UN Millennium Ecosystem Assessment", The Environmental Audit Committee, 2007.

- R. K. Pachauri, "Climate Change 2014 Synthesis Report", 2014.

- 이상준, Post-2020 온실가스 감축 기여 유형 분석, 에너지경제연구원, 2016.

- 김영환, 전력산업의 변화와 미래, 김영환, 전력거래소, 2014.

- 송태인, 국내 에너지산업 전망 및 시사점, Deloitte Anjin Review, July 2014 No.2, 2014.

- 2016 신·재생에너지 백서, 산업통상자원부, 한국에너지공단, 2016.

- 스마트그리드 국가로드맵, 지식경제부, 2010.

- 임재규, 신 기후체제 대응 신재생 에너지 육성전략, 임재규, 에너지경제연구원, 2016.

- 김정훈, 소프트파워에서 스마트그리드로 패러다임 변화, 2016.

- 1995, COP1 Part 1: Report of the Conference of the Parties (COP) on its first session, held at Berlin from 28 March to 7 April 1995. Part 2: Action taken by the Conference of the Parties at its first session, COP, 1995. 6.

- 2015 국가 온실가스 인벤토리 보고서, 온실가스종합정보센터, 2015.

- 한국 기후변화 평가보고서 2014, 국립환경과학원, 2014.

- 김은정, EU 배출권거래제 시장안정화 정책에 관란 연구, 한국법제연구원, 2015.

- 박창석 외, 기후변화정책포럼 2015, 한국환경정책·평가연구원, 2015.

- 심성희, 배출권거래제 시행에 따른 우리나라 기업의 대응 및 성장 전략, 2013.

- 배출권거래제 현황 및 이슈, 한국환경정책·평가연구원, 2105.

- 채종오·박선경, 한국의 탄소배출권 거래제 시행 1년 후 현황과 개선방안, 2016.

- 배출권거래제도 도입이 국내 산업계에 미치는 영향 및 정책대안 제시, 한국기후변화에너지연구소, 2011.

- 정서용, 신 기후체제와 한국의 정책대응, 2016.

- 2016 북한의 주요통계지표, 통계청, 2016.

- 북한의 재생에너지 관련 사업 추진 현황, 현대경제연구원, 2016.

- 남북 재생에너지 CDM 협력사업의 잠재력, 현대경제연구원, 2015.

- '그린 데탕트' 실천전략: 환경공동체 형성과 접경지역·DMZ 평화생태적 이용방안, 통일연구원, 2014.

- 기후변화대응 환경기술개발사업, 환경부, 2011. 2.
- 2016년 이상기후 보고서, 관계부처합동, 2016. 1.
- 박광국, 배출권거래제 현황 및 이슈, 한국환경정책 · 평가연구원, 2015.
- CFR - Code of Federal Regulations Title 21, USFDA, 2016.
- Saccharin Frequent Questions, USEPA, 2010.
- 연간 및 12월 전력시장 운영실적(게시용), 전력거래소(KPX), 2016. 1.
- 이일수, 기후변화 대응을 위한 과학기술 정책, 과학기술정책 제211호, 2016. 2.
- New Energy Finance, 한국수출입은행.
- World Resources Institute, 2013.
- GWI(Global Water Intelligence), 2014.
- The IPCC special report on managing the risks of extreme events and disasters to advance climate change adaptation, 2012.
- 사물인터넷이 열어갈 새로운세상:문화기술 및 콘텐츠 분야에서 IoT 적용 가능성, 한국콘텐츠진흥원, 2013.
- How to feed the world in 2050, FAO, 2009.
- World robotics 2016, IFR, 2016.
- 정부연, 가상현실(VR)생태계 현황 및 시사점, 정보통신정책연구원, 2016.
- 이수형, 기후변화로 인한 폭염 영향과 건강 분야 적응대책, 한국보건사회연구원, 2016.
- 국제미래학회, 융합과 초연결의 미래, 전문가 46인이 예측하는 대한민국 2035 대한민국 미래보고서, 2015.
- 4차 산업혁명 시대, 일본의 의료 · 헬스 케어 산업, KOTRA, 2016.
- 헬스케어 3.0 건강수명 시대의 도래, 삼성경제연구소, SERI 연구보고서, 2012. 8.
- Meteorology and the media, WMO-No. 688, WMO,(Geneva:World Meteorological Organization, 1987) 56.
- 기후변화 적응을 위한 극한현상 및 재해 위험 관리, IPCC, 2012.
- 김용희 외, 2015년 기술수준평가, 한국과학기술기획평가원(KISTEP).
- 2016년 이상기후 보고서, 관계부처합동, 2016.
- 녹색기후기술백서2017, 미래창조과학부, 2017.
- 저탄소 녹색도시와 집단에너지, 국토연구원, 2011.

- 박영구, 저탄소사회를 위한 신재생에너지 역할, 물리학과 첨단기술, 2009.

- 오용준 외, 저탄소 에너지 절약형 도시계획의 정책과제 및 추진 전략, 충남발전연구원, 2009.

- 한상운, 저탄소 녹색성장의 구현과 생활기반구축을 위한 관련 법제의 대응, 한국법제연구원, 2009.

- 한국에너지기술연구원 경영성과계획서, 한국에너지기술연구원, 2014.

- 박영환, 가시화된 기후변화 리스크와 대응, 삼성경제연구소, 2013.

- 이인재, 국내외 보건의료 빅데이터 현황 및 과제, 정보통신기술진흥센터, 2015.

- 송태민, 우리나라 보건복지 빅데이터 동향 및 활용 방안, 과학기술정책연구원, 2012.

- 녹색기후기술백서2017, 미래창조과학부, 2017.

- World Urbanization Prospects: The 2014 Revision, Highlights (ST/ESA/SER.A/352), United Nations, Department of Economic and Social Affairs, Population Division., 2014.

- 스마트시티 관련 산업 분야별 국내외 기술개발/시장전망동향, 지식산업정보원, 2016.

- 이재용, 스마트시티 정책 추진방향과 전략, 한국교통연구원, 2017.

- 문승일, 저탄소 녹색성장과 스마트그리드, 정보통신표준화위원회, 2010.

- 조유정, 스마트시티의 기준, 스마트시티 인덱스, 2016.

인터넷 자료

- 1972년 스톡홀름 회의, 국제환경정책, 산하온환경연구소, sanhaon.or.kr.

- 로마 클럽 공식 사이트, https://www.clubofrome.org.

- 유엔환경계획 한국 위원회, unep.or.kr.

- 기후변화 대응을 위한 국민참여 활성화 방안 연구, 정책연구 보고서, 에너지 경제연구원 기후변화 협상, 외교부 공식 홈페이지, http://mcms.mofa.go.kr/, 2009.

- 파리협정과 신 기후체제, 기후변화홍보포털 웹진 여름호, 2016.

- [협력 상식] 조약과 기관간 약정의 이해(www.icons.co.kr).

- 김상협, 의정서(Protocol)일까 협정(Agreement)일까?, Climate Times, 2015. 12. 11.

- 이데일리, http://www.edaily.co.kr/.

- 현대자동차 공식 블로그, http://blog.hyundai.com.

- Timeout, https://www.timeout.com.

- 내진설계 및 보강방법, 한국시설안전공단, https://www.kistec.or.kr/kistec/earth/

earth0501_02.asp.

• 서울특별시 대기환경정보, http://cleanair.seoul.go.kr/main.htm.

• 물환경정보 시스템, http://water.nier.go.kr/main/mainContent_T.do.

• 와이즈앱 홈페이지, 포켓몬고 사용자수, http://www.wiseapp.co.kr/, 2017. 2. 3.

• IBM 홈페이지, http://www.ibm.com/.

• OPTIM 홈페이지, http://www.optim.co.jp/.

단행본

• 공우석, 『키워드로 보는 기후변화와 생태계』, 지오북, 2012.

• 이종하, 『재미있게 읽는 그날의 역사 10월 29일』, 1990년 10월 29일 제 2차 세계 기후 회의 개회, 디오네, 2016.

• 이유진, 『기후변화 이야기』, 살림, 2010.

• 전의찬, 『기후변화 27인의 전문가가 답하다』, 지오북, 2016.

• 2017 한국을 바꾸는 7가지 ICT 트렌드, KT경제경영연구소, 2016.

기사 및 보도자료

• "지구오염 예방하자 『로마·클럽』 보고서서 촉구", 중앙일보, 1972. 4. 4.

• "신 기후체제 출범에 따라 효율적 기후변화대응을 위한 국가차원의 중장기 전략과 정책방향 제시", 국무조정실, 보도자료, 2016. 12. 6.

• 외교부, "2030년 우리나라 온실가스 감축목표 BAU 대비 37%로 확정", 보도자료, 2015. 6. 30.

• "파리협정 문제는 트럼프가 아니다", 한국일보, 2016. 12. 9.

• 외교부, "기후변화에 관한 파리협정 비준", 보도자료, 2016. 11. 3.

• "파리기후협정 발효, '신 기후체제' 가동", KBS, 2016. 11. 4.

• "역사적인 파리협정 체결… 환영 속 후속 대책 착수", YTN, 2015. 12. 13.

• "온난화 막기 위한 '파리 협정' 타결… 엇갈린 반응, SBS, 2015. 12. 13.

• 박영준, 광물 탄산화를 통한 이산화탄소 저장 및 활용, 광주과학기술원, 2016.

• 이민호, "기후변화 적응 개념 이해 및 국가 기후변화 적응정책", 기후변화 적응정책 발전포럼, 2009. 9.

• 미래창조과학부, "기후기술로드맵(CTR)" 완성, 보도자료, 2016. 6.

- 조창훈, "기후변화 대응을 위한 사물인터넷(IoT)과 빅데이터 활용 방법은?", 기후변화센터, 2014. 7.
- "광산 폐수방류로 오염된 강물", 중앙일보, 2013. 4. 3.
- "3년 사이 '역대 최악의 열대성저기압' 3개 집중 발생, 왜?", 동아일보, 2016. 2. 22.
- 야생조류 분변에서 고병원성 조류인플루엔자 검출, 농림축산식품부, 2016. 11. 11.
- 일본 돗토리현 오리 배설물서 조류인플루엔자 검출, YTN, 2016. 11. 21.
- "서울 광진교에서 바라본 서울 도심의 모습", 머니투데이, 2016. 10. 16.
- "보성 고흥 119, 가뭄지역 급수지원", 소방방재신문, 2016. 8. 21.
- 2017 부처 업무보고-튼튼한 경제]정부, 재정 조기집행·신산업 육성으로 경제기틀 다진다, 전자신문, 2017. 1. 5.
- "[알아봅시다] 소물인터넷", 디지털타임즈, 2015. 4. 22.
- 이경원, 로봇기술이 걸어온 길, Ktech, 2016.
- The robotics revolution: The next great leap in manufacturing, BCG, 2015.
- "[바야흐로 '디지털 헬스' 시대] 의료기술은 선진국 규제는 후진국", 중앙시사매거진, 2016. 3. 14.
- "폭염 사망 1인당 경제적 손실 3억 7천만 원… 비용 더 커질 듯", 연합뉴스, 2017. 1. 30.
- "늙어가는 한국, 34년 뒤면 세계 2위 고령화 국가된다", 중앙일보, 2016. 3. 30.
- 스위스 취리히 연방공과대학(ETH Zurich) 연구팀 시연 영상자료, 2015. 9. 18.
- 무인이동체 산업 활성화 및 일자리 창출을 위한 무인이동체 발전 5개년 계획(안), 국가과학기술심의회, 관계부처 합동 보도자료, 2016. 6. 30.
- 한경진, 잦아진 지구촌 폭염·폭우… 이상기후가 '뉴 노멀'된다, 조선닷컴, 2016.
- 이슬기, 못 믿을 미세먼지 측정… 걸핏하면 '먹통', KBS, 2017.
- 매년 처음 경험한 듯, 조류독감에 걸린 정부, 환경운동연합, 2016.

기타
- 세계 식량 정상 회의, 1996.
- Sam Bozzo, Blue gold:World water wars, 2008.
- 박대수, 인공지능(AI) 시대의 ICT 융합 산업 전망, 2016.
- CES, 미국가전협회.

새로운 기회와 도전

기후변화

초 판 발 행 2017년 6월 30일
초 판 2 쇄 2020년 2월 28일

저　　　　자 김준하
발　행　인 김기선
발　행　처 GIST PRESS

등 록 번 호 제2013-000021호
주　　　　소 광주광역시 북구 첨단과기로 123(오룡동), 중앙도서관 405호
대 표 전 화 062-715-2960
팩 스 번 호 062-715-2969
홈 페 이 지 https://press.gist.ac.kr/
인쇄 및 보급처 도서출판 씨아이알(Tel. 02-2275-8603)

I S B N 979-11-952954-3-2 03450
정　　　　가 15,000원